国家自然科学基金地区科学基金项目(51664009)资助

贵州理工学院高层次人才科研启动经费项目(XJGC20161212)资助

磁场下复合电沉积法制备铁-硅镀层

龙 琼 著

中国矿业大学出版社

·徐州·

内 容 提 要

本书共分为 6 章,主要内容包含绪论、Fe-Si 镀层制备方案、无磁场下制备 Fe-Si 镀层、水平磁场下制备 Fe-Si 镀层、竖直强磁场下制备 Fe-Si 镀层以及磁场下电化学研究电沉积铁过程等。本书所述内容具有前瞻性和实用性。

本书可供从事高硅钢薄带制备、电磁冶金、表面改性、新材料制备等研究方向的人员使用,亦可供相关企业技术人员参考使用。

图书在版编目(CIP)数据

磁场下复合电沉积法制备铁-硅镀层 / 龙琼著. —
徐州:中国矿业大学出版社,2020.11
ISBN 978 - 7 - 5646 - 4806 - 0

Ⅰ. ①磁… Ⅱ. ①龙… Ⅲ. ①含硅合金—镀层—材料
制备 Ⅳ. ①TG13

中国版本图书馆 CIP 数据核字(2020)第 173544 号

书　　名	磁场下复合电沉积法制备铁-硅镀层
著　　者	龙　琼
责任编辑	周　红
出版发行	中国矿业大学出版社有限责任公司
	(江苏省徐州市解放南路　邮编 221008)
营销热线	(0516)83884103　83885105
出版服务	(0516)83995789　83884920
网　　址	http://www.cumtp.com　E-mail:cumtpvip@cumtp.com
印　　刷	江苏凤凰数码印务有限公司
开　　本	787 mm×1092 mm　1/16　**印张** 8.5　**字数** 212 千字
版次印次	2020 年 11 月第 1 版　2020 年 11 月第 1 次印刷
定　　价	48.00 元

(图书出现印装质量问题,本社负责调换)

前　言

　　硅钢是一种非常重要的节能软磁材料,广泛应用在电力、电子、电器以及国防军事工业中。高硅钢特别是硅含量为 6.5％ 的硅钢薄带具有电阻率高、铁损低、饱和磁感应强度高以及磁致伸缩系数接近于零等优异的软磁性能,是高频电器设备理想的铁芯材料,具有十分广阔的应用前景。但是,当硅含量高于 4.0％ 后,由于有序相的形成,高硅钢具有严重的脆性,因而采用传统的轧制工艺难以制备出合格的高硅含量硅钢薄带,这成为制约高硅钢特别是 6.5％Si 高硅钢薄带规模化生产及应用的瓶颈。目前,国内外研究人员对 6.5％Si 高硅钢薄带的生产技术如化学气相沉积法(CVD 法)、物理气相沉积法(PCVD 法)、特殊轧制法、激光熔覆法、急冷制带法、熔盐电沉积法和粉末轧制法等进行了大量的研究,但这些技术存在生产周期长、镀层表面质量差、尺寸受限、成材率低、成本高、环境污染大等问题。

　　复合电沉积作为一种高效、绿色的技术,具有反应温度低、环境污染小等优点。近年来,复合电沉积技术在航空航天、交通运输、零部件维修、功能材料制备、装饰装修等领域得到了迅速的发展和广泛的应用。复合层中的惰性粒子在镀层中的含量和分布往往成为影响金属镀层性能的关键因素。武汉科技大学潘应君采用 Fe-Si 合金颗粒或纯 Si 颗粒复合电沉积-扩散工艺制备 6.5％ 的 Fe-Si 钢带,但是在电沉积过程获得镀层的硅含量在最佳工艺条件下也只能达到 6.45％,若经过均匀化处理,整体硅含量将会显著低于 6.5％。因此,为显著增加 Fe-Si 镀层中的硅含量,本书提出采用多场(磁场、机械搅拌和超声场)辅助电沉积法制备 Fe-Si 镀层。

　　本书利用不同硅含量的铁硅合金颗粒(Fe-30％Si 颗粒、Fe-50％Si 颗粒、Fe-70％Si 颗粒)和纯 Si 颗粒,采用机械搅拌、循环镀液搅拌以及在超声场、磁场下进行复合电镀,通过调节电流密度、电流波形及频率、磁感应强度、电极排布方式(水平电极和竖直电极)和磁场位向(如平行磁场和垂直磁场,分别指磁场方向与电流方向平行或垂直)等开展了基础研究。围绕 Fe-Si 镀层的制备,包括超声场下 Fe-Si 复合电沉积和磁场下 Fe-Si 复合电沉积制备技术,重点研究富硅元素的颗粒在镀层中的含量及分布,并应用扫描电镜(SEM)、COMSOL 有限元分析软件和电化学分析技术等对镀层进行分析和表征,并提出相关的制备原理。因此,本书的研究对新型复合材料以及纳米涂层材料的制备及微观结构的调控具有借鉴意义。

本书由贵州理工学院龙琼所著,上海大学钟云波教授和郑天祥博士对全书内容进行了审阅。

由于作者水平有限,疏漏、错误之处在所难免,恳请读者批评指正。

著 者

2020 年 10 月

目　　录

第 1 章 绪 论

1.1 研究背景

随着人类物质生活水平的提高以及现代科学技术的快速发展,人类在生产、文化、生活、经济等各个领域取得了前所未有的进步,同时也对设备等提出了更高的要求,例如高效、节能、清洁、低噪音等。

近年来,我国城镇化建设非常迅速,对电能生产和输送的需求也越来越大。为了满足人们对用电负荷不断增长的需求,电网的改造也势在必行,必要时还需要在居民区附近或直接在居民区修建一些变电站设备,因此变压器的噪声有可能成为一个严重影响和危害人们身体健康的问题[1]。此外,由于铁损问题,变压器在能量转换过程中也会造成电能的总损失相应增加。目前,采用高频技术是降低硅钢用量和提高电气设备效率的一个有效途径。高频技术虽然能显著提高铁芯材料的工作效率并减少铁芯材料使用的总体积,但也会显著增加硅钢的铁损值,最终会导致非常严重的电力损耗[2]。为了解决这些问题,必须提高变压器铁芯材料即硅钢片的软磁性能和加工性能,使其能够在高频环境下高效使用。

正如广泛应用于电力转换、电机、传感器、电磁干扰防护和电子元件等领域的硅钢,在当今的能源使用中发挥着至关重要的作用,但是其在高频环境下工作过程中由于铁损将会损耗用电量的 18%～20%,意味着世界各国年发电量的 2.5%～4.5%被浪费掉。图 1-1 所示为自 2005 年以来我国每年的总发电量。以 2019 年发电量为例,我国全口径发电量约为 7.23 万亿 kW·h,这也就意味着年发电量损失为 1 808～3 254 亿 kW·h。在电力输送系统中,我国每年因变压器造成的电力损耗就超过上千亿千瓦时,约等于一亿户家庭年用电量。因此,高性能硅钢薄带的研究及制备技术已成为亟待解决的一个重要问题。早在 2011 年,我国就已取代美国成为世界上最大的电力消费国。我国不仅是一个能源消费大国,而且总体上还是一个电力较为短缺的国家,同时还是一个电力浪费大国。2019 年,我国消耗了世界上约 23%的能源,相比之下,创造的 GDP 值仅约 16.58%,而硅钢薄带的性能及生产率也将影响经济和国力的发展[3-6]。

此外,高频化还会导致磁致伸缩的增加,这是引起变压器噪声的主要因素。因此,电气设备的高效化与低噪声之间存在着一定的矛盾性。为了使电气设备更高效、轻便、节能和低噪声,必须开发一种新型软磁材料来制备电机、变压器等电器的铁芯材料,这种材料还必须具有低铁损、磁感应强度高和磁致伸缩小等基本性能。根据前人的研究[7-8]和电磁学方面的基础知识,增加硅钢薄带中的硅含量将会显著提高硅钢的磁性能,当硅含量达到 6.5%(质量分数,下同)时,硅钢薄带具有优良的软磁性能。目前,随着能源短缺的加剧,特别是在高频信息领域,6.5%高硅钢薄带被认为是高频、低铁损、低噪声的理想铁芯材料,从能源和效

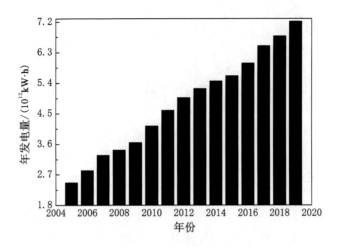

图 1-1　2005 年来我国年发电量

率方面考虑,6.5%高硅钢薄带的应用领域也将会继续扩大。因此,高硅钢薄带(厚度为0.02~0.20 mm 的带材)的研制成为当今材料领域的研究热点。但是,硅含量的增加,导致了有序相的形成,从而导致硅钢合金严重脆性,当硅含量超过 5%时其延伸率几乎变为零,因此无法采用常规的轧制方法直接生产 6.5%高硅钢薄带,这使得 6.5%高硅钢片的发展及应用受到了严重制约。因此,研制 6.5%高硅钢薄带的关键是解决硅元素的引进,以及实现其近终成形问题。如果开发出可经济高效制备出 6.5%的高性能硅钢薄带的一种新工艺,对节能减排具有非常重要的意义。

目前国内外高硅钢薄带的主要制备工艺有快速凝固法、化学气相沉积法(CVD 法)、特殊轧制法和粉末冶金法等。然而,这些方法都存在一些缺点和局限性。例如,虽然 CVD 法在日本已成功工业化,但它存在能耗高、设备维修率高以及环境污染等缺点,阻碍了其大规模化生产及应用,目前高硅钢薄带年产量只有 1 000 多吨。采用快速凝固法虽然具有工艺流程短、效率高等优点,但高硅钢薄带表面易氧化,其宽度和厚度也均受到严格限制。虽然采用特殊的轧制法可以制备出表面质量较好的高硅钢薄带,但其缺点是轧制设备复杂,投资大,成品率低,对轧制工艺要求极为苛刻。在粉末冶金过程中,高硅钢薄带的宽度和厚度也受到工艺限制,样品的高孔隙率最终会导致材料磁性能差等问题。总之,上述方法在能耗、工艺流程、产品质量、环保等方面均存在着一定的问题。同时,国外在高性能的硅钢薄带制造方面对我国进行了严格的技术封锁。因此,开发出具有自主知识产权的高性能的 6.5%高硅钢薄带具有非常重要的经济意义以及战略意义。

1.2　硅钢的性能要求及特性

1.2.1　硅钢的性能要求

一般电机、变压器和其他电器部件要求硅钢薄带具有效率高、耗电量少、体积小以及重量轻等特点。通常是以磁感应强度和铁损值来评估硅钢薄带产品的磁性能。对硅钢薄带性能的具体要求主要有[9-10]：① 铁损低，这是评价硅钢薄带质量的最重要指标。根据经典涡流理论，有两种方法可以最大限度地减少交流铁损：一是减小零件厚度；二是提高零件的电阻率。高频技术下对硅钢薄带厚度的依赖性更为显著，厚度越小，铁损就越小。传统方法是将板材减至一定厚度，然后在板材上涂上电绝缘层，所得到的产品是一堆每层绝缘的薄片，既满足低厚度要求，又满足高电阻率要求。② 磁场条件下磁感应强度高。高磁感应强度可以使得电机和变压器的铁芯质量与体积显著减小，从而可以显著节约硅钢薄带、铜线和绝缘材料。③ 硅钢片厚度均匀、表面光滑及平整。这可提高铁芯的填充系数，即叠片系数。高叠片系数意味着在铁芯体积不变时可以增加电工钢板用量，拥有更高的磁通密度，有效增大利用空间，减小空气间隙以及激磁电流。④ 冲片性好。高冲片系数可以提高冲模和剪刀寿命，以及保证冲剪片尺寸精确和减少冲剪片毛刺。毛刺大可能会使叠片间产生短路以及降低叠片系数，这对于制造微型及小型电动机时影响尤为显著。⑤ 表面绝缘膜的附着性和耐蚀性良好，能防腐蚀并改善冲片性。⑥ 发生磁时效现象概率小。另外，硅钢薄带厚度越小，中高频铁损值越低。按马克斯韦尔（Maxwell）方程推导出的硅钢薄带材料的涡流经典公式为：

$$P_c = \frac{1}{6} \cdot \frac{\pi^2 t^2 f^2 B_m^2 k^2}{\gamma \rho} \times 10^{-3} \ (\mathrm{W/kg}) \tag{1-1}$$

式中　　t——板厚，mm；

　　　　f——频率，Hz；

　　　　B_m——最大磁感应强度，G；

　　　　ρ——材料的电阻率，$\Omega \cdot mm^2/m$；

　　　　γ——材料的密度，g/cm^3；

　　　　k——波形系数（对正弦波形来说，$k=1.11$）。

　　当频率小于 5 kHz 时，板厚为 0.05 mm 的高硅钢薄带铁损值为最小值；当频率大于 10 kHz 时，板厚约为 0.03 mm 的高硅钢薄带铁损值为最小值。

1.2.2　硅钢的磁学性能

　　图 1-2 所示为 Fe-Si 合金磁导率随硅含量的变化曲线。由图可知，随着硅含量的增加，Fe-Si 合金的最大磁导率出现两个峰值。第一个峰值出现在硅含量约为 1.5% 处，其值约为 10 000；第二个峰值出现在硅含量约 6.5% 时，其值约为 25 000，要显著高于第一个峰值。图 1-3 所示为 Fe-Si 合金电阻率随硅含量变化曲线[11]。提高硅含量可以显著增加合金的电阻率，从而有效降低涡流损耗值。随硅含量的增高，合金电阻率明显提高，当硅含量接近 11% 时，合金的电阻率值趋向于峰值，但在硅含量为 6.5% 时合金电阻率就达到了比较大的值，其电阻率仍比硅含量为 3% 的合金电阻率高近一倍。高的电阻率对降低硅钢的涡流损耗是非常有利的。图 1-4 是 Fe-Si 合金的磁致伸缩系数随硅含量的变化曲线[9]，在硅含量为 6.5% 时，⟨100⟩⟨111⟩磁致伸缩系数 λ_{100} 和 λ_{111} 均显示接近零。图 1-5 所示为铁硅合金的延伸率随硅含量的变化曲线。当硅含量小于 2.5% 时，合金具有较好的延伸性能；而当硅含量大于 2.5% 后，其延伸性能显著降低；当硅含量超过 5% 后，合金延伸率趋近于零，因而难以采用传统的轧制工艺将高硅含量的 Fe-Si 合金加工成薄带。

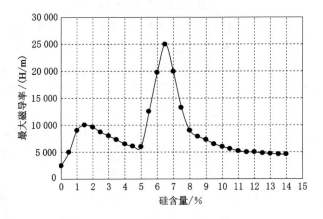

图 1-2　Fe-Si 合金的磁导率

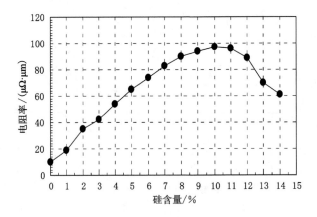

图 1-3　Fe-Si 合金的电阻率

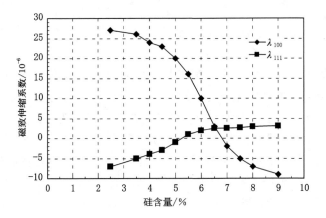

图 1-4　Fe-Si 合金的磁致伸缩系数

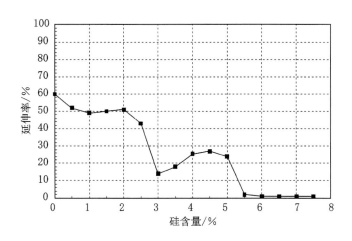

图 1-5　Fe-Si 合金的延伸率

1.2.3　高硅钢的特点和应用前景

图 1-6 所示为 Fe-Si 合金相图以及相应物相的组成和空间特征[12],相图中表明了硅含量在 0~100% 范围内、温度在 500~1 700 ℃ 下 Fe-Si 合金平衡相态组成状况。纯铁在 910 ℃ 发生 α-γ 相变,在约 1 400 ℃ 发生 γ-δ 相变。随着硅含量的增加,α-γ 的转变温度上升,而 γ-δ 转变温度下降,两者大约在 1.7% Si 处相变,形成了一个封闭的 γ 区回线。当硅含量大于 1.7% 时无 γ 相变。相图中的 α_1 相是以 Fe_3Si 为基的 DO_3 有序相,α_2 相是以 FeSi 为基的 B_2 型有序相。当硅含量大于 4.5% 时出现 DO_3 有序相(Fe_3Si)和 B_2 有序相(FeSi)。当温度低于 540 ℃ 时,α_2 相共析分解为无序 α-Fe(Si)固溶体和 α_1 相。这一转变使得 Fe-Si 合金的机械性能、弹性模量以及密度将会在 5% Si 处产生突变。硅钢中 Fe_3Si 和 FeSi 有序相的形成是其产生脆性的主要原因,导致硅钢加工成本高,是制约其广泛应用的主要因素。

表 1-1 为 6.5% Si 高硅钢与其他种类普通硅钢之间的磁性能比较。当频率小于 1 000 Hz 时,同厚度的 6.5% Si 高硅钢与无取向硅钢相比,其铁损值约为无取向硅钢的一半;当频率大于 400 Hz 时,6.5% Si 高硅钢的铁损值要比取向硅钢小。与其他种类普通硅钢相比,6.5% Si 高硅钢的铁损值约为相同厚度无取向硅钢磁性能的一半。当频率大于 400 Hz 时,6.5% Si 高硅钢的铁损值要小于取向硅钢。随着频率的增加,6.5% Si 高硅钢与取向硅钢的铁损差距逐渐增大,因此 6.5% Si 高硅钢更适合用于在高频磁场中工作。在磁致伸缩系数方面,6.5% Si 高硅钢约为取向硅钢的 1/8,约为无取向硅钢的 1/80,这是铁基合金材料不可与之相比的。因此,6.5% Si 高硅钢不仅能在高频磁场下实现低铁损,而且具有接近零的磁致伸缩系数,从而可以显著降低电气设备的噪声污染。

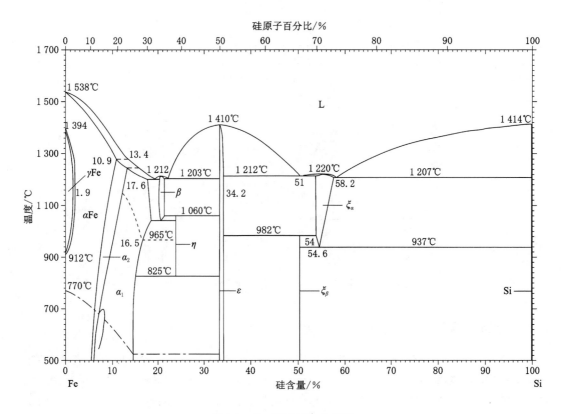

图 1-6　Fe-Si 二元合金相图

表 1-1　6.5％Si 高硅钢与普通硅钢的磁性能比较[13-14]

材料	板厚/mm	磁通密度 B_8/T	铁损/(W/kg)					最大磁导率 /(H/m)	磁致伸缩 /10^{-6}
			$W_{10/15}$	$W_{10/400}$	$W_{10/1k}$	$W_{10/5k}$	$W_{10/10k}$		
6.5％Si 高硅钢	0.10	1.25	0.71	7.50	6.1	3.0	2.4	18 000	0.2
	0.30	1.30	0.5	10.0	11.0	25.5	24.5	45 000	0.2
	0.50	1.35	0.61	17.5	16.4	11.8	9.9	58 000	0.2
取向 硅钢	0.10	1.85	0.72	7.4	7.6	5.3	4.6	24 000	1.3
	0.35	1.93	0.42	11.8	16.4	15.2	13.5	86 000	1.3
无取向硅钢	0.35	1.42	1.39	17.0	19.7	12.4	10.2	7 600	5.0
铁基合金	0.025	1.38		1.5	5.5	8.1	4.0		27
铁氧体	整体	0.37				2.2	2.0		21

注：$W_{10/x}$ 是指在最大磁通密度 1.0 T、频率 x Hz 下进行正弦励磁时的铁损值。

表 1-2 为采用日本岛津产 AG-210TA 型拉伸试验机自动记录仪测试厚度为 0.5 mm 的 6.5％Si 高硅钢片和 50A400 普通硅钢片获得的力学性能[15]。由表 1-2 可知，65R-B 和 80R-B 高硅钢片的 0.2％抗拉强度是 50A400 普通硅钢片的 2.8 倍和 1.6 倍，屈服强度是 50A400 普通硅钢片的 3.9 倍和 2.2 倍。但高硅钢片的延伸率甚至只有 50A400 的 1/10，80R-B 高硅钢片经退火处理后的延伸率还会变得更低。高硅钢片的拉伸断裂也呈现出不同

的特征。65R-B 高硅钢片不仅在断裂附近发生塑性滑移,而且在板厚方向也会发生局部滑移。但 80R-B 高硅钢片的断裂呈晶界断裂和晶界开裂混合形态,最终呈多个微裂纹复合而成的整体断裂并显脆性断裂特征。此外,6.5％Si 高硅钢片在室温下的断裂是典型的晶间断裂,所以难以进行机械加工。AES 断口分析表明[16]高硅钢片在晶界处有大量的 O_2,晶界氧化对 6.5％Si 高硅钢片的冲剪加工性能具有显著影响。考虑到高硅钢片的可加工性,退火处理前一般先对其进行机械加工,再进行退火处理。

表 1-2 6.5％Si 高硅钢片(65R-B、80R-B)和 50A400 普通硅钢片的机械特性(厚度为 0.5 mm)[15]

	取向/(°)	屈服强度/(N/mm²)	抗拉强度/(N/mm²)	延伸率/%	拉伸速度/(mm/min)
65R-B	0	1265.1	1323.9	3.5	0.5
	45	1029.7	1108.9	3.1	
	90	1363.1	1382.7	2.8	
80R-B	0	676.7	720.8	2.9	0.2
	45	668.8	706.1	2.6	
	90	742.4	764.9	1.9	
50A400	0	291.3	437.4	35.4	3.0
	45	328.5	479.5	35.1	
	90	319.7	471.7	45.2	

6.5％Si 高硅钢具有电阻率高、饱和磁化率高、磁致伸缩接近于零、原材料成本低等优点,为了满足日益增长的中高频运行需求,同时软磁材料的铁损需要最小化,6.5％Si 高硅钢薄带是中高频应用理想的铁芯材料[17-19]。

然而,日本只有 JFE 公司成功研制出 JNEX-CORE(6.5％硅梯度钢,芯中部硅含量略低)和 JNHF-CORE(6.5％硅含量均匀的硅钢)。目前,世界上还没有其他国家实现 6.5％Si 高硅钢的工业化生产,这两种铁芯已被松下、诺基亚、三星、摩托罗拉等公司用于生产精密电机铁芯,并已用于生产高频电机、手机电源等零部件。1969 年首次登月的阿波罗 11 号宇宙飞船,其就采用了以 6.5％Si 高硅钢为铁芯的变压器。丰田生产的 PRIUS 混合动力汽车反应器也以 6.5％Si 高硅钢为原料。硅钢还广泛应用于制造低噪声电器元件,如日本 6.5％Si 高硅钢制作的 1 kHz 音频变压器,其噪声比普通取向硅钢低 21 dB。此外,6.5％Si 高硅钢还应用到一些特别重要的军事领域,如导弹、航天器和潜艇的核心部件[20]。电力和通信行业的快速发展,对仪器设备的低噪声和小型化提出了更高的要求。由于 6.5％Si 高硅钢具有优良的软磁性能,高硅钢将会得到更为广泛的应用。

1.3 高硅钢的制备工艺

电气设备的高频化对铁芯的性能要求越来越高。6.5％Si 高硅钢薄带具有优异的磁性能,存在着广阔的应用前景,因此吸引着国内外众多的研究人员对其进行了大量的研究与开发工作。由于高硅钢在室温下具有脆性,不能采用常规工艺加工制备高硅钢薄带。为了缓解脆性问题,世界各国研究人员进行了大量的研究,开发了多种加工技术,包括特殊轧制法

（热/温/冷轧制组合）、快速凝固法、粉末冶金法、沉积/扩散法等。

1.3.1 传统轧制法

传统的轧制方法也是冷轧法，其冷轧工艺大致如下：① 以纯铁、硼铁、单晶硅（5N）为原料，在真空感应炉中熔化成锭，在 900～1 000 ℃内锻造开坯；② 850～1 000 ℃下继续轧制成约 1 mm 的板材；③ 约 650 ℃下再次轧制至 0.3 mm 厚度的板材；④ 室温冷轧带，冷却后表面进行除油、涂绝缘材料氧化镁等工序，然后在 1 200 ℃退火约 90 min。随着硅钢硅含量的增加，特别是当硅含量增加到 4.5％时，硅钢中有序的 DO_3（$SiFe_3$）相和有序的 B_2（FeSi）相的形成将会使硅钢变得易碎[21-23]，这使得传统的冷轧工艺难以制备出 6.5％Si 高硅钢薄带。因此，采用轧制工艺制备的高硅钢薄带一般要求其硅含量要控制在小于 4％范围。

1.3.2 特殊轧制法

俄罗斯学者采用热轧、温轧、冷轧三步特殊轧制工艺对 6.5％Si 高硅钢的制备进行了详细研究，但制备工艺复杂，能耗较大。1988 年，日本 NKK 公司高田芳一、稻垣淳一首次提出采用温度控制法轧制 6.5％Si 高硅钢，即使用一块或多块层压钢板作为核心材料，由覆层材料包围，焊接并加以密封，然后进行热轧[24-25]。通过严格控制轧制温度 T（℃）、压下率 R（％）、平均晶粒直径 λ（mm）以及硅含量 X（％）之间的关系对板材进行轧制，轧制条件应满足：

$$T - \sqrt{2\,000R} \geqslant 100\lambda + 48X - 360 \tag{1-2}$$

式(1-2)左侧表示待轧板要满足的轧制条件参数，右侧表示待轧板在轧制前应处的状态参数。高田芳一等通过实验研究了硅含量为 4.5％、5.5％和 6.5％的薄板轧制过程，研究结果表明，采用正压下率，轧制温度在 400 ℃以下，轧制条件满足式(1-2)，轧制过程较为平稳。例如当轧制温度为 400 ℃时，平均晶粒尺寸为 0.32 mm，硅含量为 4.5％，当压下率为 10％时，可获得稳定的轧制薄带，但当压下率为 20％时，就不能进行轧制处理。同时，当温度高于 400 ℃时，板厚精度会明显降低；当板中硅含量超过 4％～6％范围时，轧制后板材磁性能也会明显变差。泉孝等[26]对上述方法进行了进一步的研究，以合成油为润滑油，压下率为 10％时对 6.5％硅钢进行轧制，发现只有当轧制温度 T_r 满足式(1-3)时，轧制过程才比较稳定。

$$20 \times W_{Si} - 50 \leqslant T_r \leqslant 400 \tag{1-3}$$

其中，式中 W_{Si} 表示带材硅含量。然而，尽管泉孝等严格按照这种方法对高硅含量的硅钢片进行轧制，但由于硅钢不可避免的脆性，还是无法实现工业化生产。北京科技大学新金属材料国家重点实验室林均品等[27]研制了一种新型高硅合金材料 Fe-6.5％Si-B，使得硅钢的塑性得到了很大的改善，但仍存在轧制工艺复杂、能耗高、生产成本高等问题。

1.3.3 快速凝固法

快速凝固技术又称急冷凝固技术，该技术近年来在金属材料加工制备中获得了快速发展。该工艺主要是使冷却介质与熔体接触散热面积之比尽可能最大化，从而使熔体快速冷却凝固，在一定程度上减少了轧制过程中产生的缺陷，但由于硅钢在制备过程中尺寸受到严格限制，目前尚未得到大规模应用。

1969 年，Cunningham 等[28]开始采用离心分离和极冷法制备硅钢薄带，原料被加热到熔化状态,在上部惰性气体的保护下产生一定的压力,随着压力的增加,熔化的金属从前端喷孔中吹出,吹出后的熔体在接触到高速铜转盘后迅速冷却,形成金属薄带。

1978 年,Tsuya 和 Arai 等开始研究熔体超急冷制备金属带材工艺,先后采用单辊法和双辊法对制备工艺进行了改进,首先采用 99.9% 单晶硅和 99.7% 工业纯铁为原料,在感应炉内加热熔融,采用铜和不锈钢冷却辊对带钢进行快速冷却,最终生产出厚度为 0.02~0.3 mm、宽为 150 mm 的硅钢薄带,经实验研究发现,6.5% Si 高硅钢带在不同部位冷却的不均匀性,会在其表面产生大量裂纹和成分偏析[29-30]。此后,北京科技大学谢建新等[31]对该工艺进行了改进。该制备工艺的主要特点是可实现待轧制金属带材的双面冷却,并可调控凝固区的形状和尺寸,而采用单辊和双辊轧制无法实现这种灵活性。以往的实验经验表明,采用快速凝固工艺对于低熔点合金制备薄带比较理想,证明该工艺在技术上和理论上是可行的,而对于高熔点铁硅金属熔体,实现工业化生产还需要大量的深入研究,许多工艺参数如熔化温度、喷嘴尺寸、喷嘴到旋转台的距离、旋转台材料、转速、室压和喷射压力等必须严格控制,以获得连续的高质量带。然而,这些研究仅限于应用基础研究,其大规模生产还存在许多问题,目前还需要进一步深入研究,其中主要原因是该工艺生产的薄带厚度和宽度受到严格限制,不易形成工业化生产。

1.3.4　粉末冶金法

粉末冶金工艺是以金属粉末或金属粉末与非金属粉末的混合物为原料,通过直接粉末轧制和烧结工艺生产金属材料、复合材料以及其他各类材料的过程。该工艺首先制备出合格的粉末,然后将原料粉末直接轧制成形,再进行烧结及烧结后的一些后续处理而制得成品。

1977 年,Fujitsu 公司 Sakai 等[32-33]采用粉末冶金法将铁粉和 Fe-17% Si 合金粉混合压制烧结后,制备硅含量 1%~5% 的环形铁硅合金,之后又对 Fe-3% Si 合金的制备效果进行了研究,结果表明,烧结温度是决定硅钢磁性能的重要因素,在 1 400 ℃ 烧结温度下可获得具有良好软磁性能的铁硅合金。自 20 世纪 80 年代以来,粉末烧结法制备铁硅合金的研究引起了研究者的关注。1991 年中南大学曲选辉等[34]采用粉末烧结法制备了硅含量为 6% 的铁硅合金,在混合粉末中加入 0.45% P 后,通过分析认为 P 的加入可以加速铁硅的扩散行为。2000 年,Kusaka 等[35]研究了 Fe-21% Si 合金粉和铁粉的烧结试验,以及以硅含量为 3%、6.5%、8% 的合金粉为原料的烧结试验,结果表明,铁粉与合金粉的混合粉末由于具有良好的压缩性和烧结性能,其密度和磁性能均高于由合金粉末获得的烧结合金。同时,Kusaka 等[36]还尝试在混合粉末中加入微量硼,认为硼在烧结过程中具有脱氧作用,从而达到去除样品中杂质的目的。此外,1995 年,Wang 等[37]首次采用粉末轧制法制备硅钢(DPR),采用混合雾化铁粉和 FeSi$_{17}$ 粉对硅钢片进行滚轧固化得到硅含量大于 3% 的硅钢薄带,并研究了烧结温度和压下率对硅钢薄带磁性能的影响。武汉理工大学的张联盟等[38]采用粉末压延法制备出 Fe-6.5% Si 高硅钢板。之后,上海大学钟云波课题组[39]利用磁场烧结制备了 6.5% Si 高硅钢,研究结果表明,磁场的施加有利于铁和硅的扩散行为,降低了样品的空隙率,形成一定的(110)[001]择优取向织构,从而显著提高了硅钢的磁性能。

但是,采用粉末轧制烧结工艺虽然有效地缓解了高硅钢合金的脆性问题,但同时也带来了粉末成分污染、成分分布不均匀、长度受限制等新问题,影响了 6.5% 高硅钢的规模化应用。

1.3.5 沉积/扩散法

沉积/扩散退火工艺[40]以韧性低硅钢为原料,通过采用在低硅钢带表面渗入硅元素的表面沉积技术,在基体上可获得富硅层,然后进行扩散退火以实现硅的均匀分布。根据沉积方法不同,其可分为化学气相沉积(CVD)、等离子体化学气相沉积(PCVD)、熔盐电沉积和热浸镀等。

(1) 化学气相沉积法

化学气相沉积技术主要将一种或几种含有气相的原材料导入一个反应室内,在基体表面发生化学反应生成新的薄膜材料。目前化学气相沉积技术是半导体工业中应用最广泛的,用来沉积多种材料包括很多绝缘材料和金属复合材料。

日本 NKK 公司,现在是 JFE 钢铁公司的一部分,1988 年率先采用 CVD 法生产 6.5%硅梯度钢,首次生产出厚度 0.1~0.5 mm、宽度 400 mm 的无取向 6.5%Si 高硅钢薄带,于 1993 年设计完成一条月产量达 100 t 的生产线,这也是迄今为止世界范围内唯一的一条生产线。在这一过程中,通过将四氯化硅($SiCl_4$)气体通入 3%Si 硅钢板表面,然后使 Si 在 1 200 ℃下扩散到基体中,从而在 3%Si 硅钢板表面沉积 Si,再经过均匀化扩散热处理使 Si 元素向钢带芯部扩散,最终获得 Si 元素分布比较均匀的 Fe-6.5%Si 合金,其渗硅反应为:

$$SiCl_4 + 5Fe \longrightarrow Fe_3Si + 2FeCl_2 \uparrow \qquad (1-4)$$

同时,由于趋肤效应,作为铁芯材料的硅钢薄带在交变电流或交变磁场下,电流主要集中在硅钢薄带表面,所以也可以通过 CVD 技术和扩散工艺获得表面至带材芯部 Si 元素呈梯度分布的硅钢薄带[41-42]。日本 NKK 公司又于 1995 年开始生产名为 JNHF-Core 和 JNEX-Core 两种型号的 6.5%Si 高硅钢薄带,但是这种制备方法的工艺过程复杂,能耗和成本非常高,高硅钢薄带厚度不均匀,对环境污染严重,这限制了其大规模化生产,目前该工艺在规模和产量上远无法满足市场的需要。

由于日本对 6.5%Si 高硅钢薄带的生产工艺进行了严格的技术保密,迄今为止也只有日本实现了世界上 6.5%Si 高硅钢的工业化生产。在其他国家,特别是在中国,关于高硅钢薄带的研究报道很少,这也导致了国内高性能硅钢工业发展缓慢。因此,国内钢铁行业,特别是电工钢行业,必须有自主知识产权的 6.5%Si 高硅钢生产线,才能跟上世界先进钢铁行业的发展趋势,这也是未来几年国内硅钢行业的发展方向。目前,华东理工大学潘洪亮课题组报道了有关 CVD 工艺制备高硅硅钢薄带的基础研究,并取得了一定进展[43]。

(2) 等离子体化学气相沉积法

等离子体化学气相沉积法(PCVD)是利用等离子体本身的能量激发基体并与之反应从而制备所需材料的一种工艺。PCVD 技术与 CVD 技术的区别在于等离子体中含有大量高能电子,能提供化学气相沉积过程所需的能量,从而改变了反应体系的能量供给方式。由于等离子体中的电子温度高达 10 000 K,电子与气相分子的碰撞可以促进反应气体分子化学键的断裂以及重新组合过程,产生活性更高的化学基团。同时,整个反应体系保持较低的温度,而 CVD 工艺一般是在较高温度下才能有效进行。

1996 年,吴润等[44]利用 PCVD 法制备 6.5%Si 高硅钢。工艺流程大致如下:首先将气态 $SiCl_4$ 在 400~600 ℃通入 PCVD 炉,采用 H_2 和 Ar_2 作为稀释剂气体充入 PCVD 炉。在

PCVD 炉电场作用下,$SiCl_4$ 气体电离成正离子 Si^{4+} 和负离子 Cl^-,在电场作用下,Si^{4+} 离子获得能量高速冲击 $0.1\sim0.3$ mm 普通硅钢样品的表层,与铁原子反应,其反应式如下:

$$5Si+2Fe \longrightarrow FeSi_3+FeSi_2 \tag{1-5}$$

随着反应的进行,硅元素逐渐渗入普通低硅钢片表面,形成了一层富硅层。经高温均匀化扩散退火后,即可得到硅含量为 6.5% 高硅钢薄带。然而,由于反应温度较低,硅原子扩散很慢,等离子体中电子能在 PCVD 炉内广泛分布,导致一个或多个化学反应,最终使反应产物难以控制,反应机理也较难以理解[45]。因此,采用 PCVD 工艺进行 6.5%Si 高硅钢薄带的工业化生产还需要进一步深入研究。

（3）熔盐电沉积法

近年来,对以熔盐为溶剂的电解质溶液的研究备受关注。熔盐电沉积是高温下熔盐中金属离子的电沉积。蔡宗英等[46-47]采用 FLINAK-Na_2SiF_6 体系将低硅钢片作为阴极,通过控制沉积工艺参数来电沉积硅。经高温热处理扩散后,获得 6.5%Si 高硅钢薄带。Na_2SiF_6 是 Si 元素的供给来源,Na_2SiF_6 分解方程如下:

$$Na_2SiF_6 \longrightarrow 2NaF+SiF_4 \uparrow \tag{1-6}$$

其后阴极板发生反应:　　　$Si^{4+}+4e \longrightarrow Si$

此外,Ros-Yanez 等[47-48]通过硅含量为 3.0% 的低硅钢薄带为基体材料在过共晶的 Al-27%Si 熔体中进行热浸渗硅,然后在 1 250 ℃ 下进行扩散退火处理,使样品成分均匀化,最终获得了硅含量为 6.3% 高硅钢薄带。

1.3.6　其他制备方法

毕晓昉等[50]报道了一种包埋渗硅制备高硅钢薄带的方法。其步骤如下:首先将硅粉、氧化铝粉、氟化钠按一定的配比组成渗硅剂,并在一定温度下预热一段时间;再将一部分渗硅剂放入坩埚底部,将低硅钢薄带也放入其中并用渗硅剂将其包埋,再放入专用的热处理炉;在惰性气体 Ar 的保护下加热至 1 000～1 250 ℃,保温 1.5～5 h,即可制得硅元素在硅钢薄带厚度方向上呈现梯度分布的硅钢薄带。若再将上述硅元素呈梯度分布的硅钢薄带加热到 1 150～1 350 ℃ 进行高温扩散均匀化处理,即可获得整体硅含量均匀分布的高硅钢薄带。但是,该工艺存在易受尺寸限制、杂质含量高、平整度不好以及效率较低等方面的问题,还需要进行进一步深入研究。

1.4　磁场下复合电沉积技术

20 世纪 70 年代,研究人员在电沉积过程中尝试施加磁场,结果发现,在电沉积过程中以及获得的样品会出现一系列独特的现象,这引起了国内外研究人员的广泛关注。此后,该技术迅速发展,并逐步形成了一门跨电磁学、电化学和材料科学领域的交叉学科——磁电沉积（magneto-electrodeposition）[51-55]。

20 世纪 90 年代,随着超导体强磁场的研发,磁场下电化学研究获得了快速发展[56-60]。磁电化学技术主要利用磁场与电场相互作用产生的洛伦兹力、磁化力、磁场梯度力和磁吉布斯自由能等影响镀液的分散性、稳定性等性能,以及离子运动,电化学反应,镀层表面状态以及金属原子的形核、结晶、生长及晶粒取向等,从而改善涂层的微观结构、形态及最终综合性能[61]。由于外加电磁场具有控制简单、能量密度高、非接触、对制备材料无污染等优点,近年来受到国内外学者的广泛关注[62]。

在复合电沉积技术中,惰性粒子在复合镀层中的含量及分布往往是决定复合镀层性能的关键因素。因此,如何提高复合镀层中惰性粒子的含量和分布,已成为当前复合电沉积技术研究的热点。在复合电镀过程中引入磁场,由磁场与电场交互作用产生的磁流体力学效应(MHD效应)可以起到搅拌电镀液的作用,在强磁场下其搅拌强度甚至可以达到机械搅拌的强度,使纳米或亚微米惰性粒子均匀稳定地悬浮在电镀液中,加速粒子的传质过程,在一定程度上解决了纳米及亚微米颗粒的团聚沉降问题,增加涂层中颗粒的含量,而且会影响其分布,从而显著提高复合涂层的综合性能[63-64]。

电沉积作为一种重要的材料制备方法,其过程可大致分为如下几个步骤:液相传质、表面转化、电化学反应、电结晶形核以及长大[65]。将磁场作用于电沉积过程中,会对以上各步骤产生相应作用,最终影响到镀层形貌、微观结构组织以及性能,这些影响具体表现在以下几个方面[66]:

(1)磁力的作用

原子中的电子在自旋运动的同时围绕着原子核运动,因此,电子的这种特性可简化地看作是一个小的环形电流,称之为分子电流。在没有施加外加磁场作用时,这些分子电流的取向是随机的,并不呈现任何的宏观效果。当施加外加磁场作用后,这些分子电流即出现有规则的取向,形成宏观的磁化电流,即物质的磁化过程。陈红辉等[67]认为当磁场在电沉积过程中与电流方向平行时,由于没有洛伦兹力的产生,磁化力对电沉积过程将会产生显著影响,从而使金属离子和惰性粒子在沉积过程中受到铁磁性基体金属的影响,容易以最低能量状态在金属基体表面沉积,从而使镀层更致密、缺陷更少。磁化能影响电沉积过程的内在原因是镀层晶体具有磁各向异性,镀液中不同金属离子的磁性能不同,而非磁性材料由于磁化率低,因而磁力作用非常弱。但是随着强磁场特别是超导体技术的应用及发展,非磁性材料在磁场下受到的影响将变得不可忽视。由于镀层晶体存在磁各向异性,镀液中各种离子在磁性能上存在显著差异,磁力能够对电镀过程产生显著影响。

(2)洛伦兹力引起的磁流体力学效应

在电沉积过程中,由于磁场与电场交互作用产生的磁流体力学效应,显著增强了电沉积传质。根据法拉第定律,当施加平行磁场时,理论上磁场(B)与电流(I)并无相互作用,即不会产生明显的洛伦兹力。但是,由于阴极表面并不是理想平整态,会出现微观不平整性,这使得电流扭曲,造成电流沿着磁场垂直方向产生一个分量I_p,与磁场的相互作用也会产生一个洛伦兹力(f_L),其可表示为:

$$f_L = B \times I_p \tag{1-7}$$

在电沉积过程中,若施加的磁场为密度分布不均匀的磁场或者在均匀磁场中使用可磁化性电极材料,则在电极附近发生磁场的扭曲和集中,从而存在一个磁场梯度(∇B)[68-69],从而对镀液中金属离子或镀液惰性粒子产生梯度磁场力(F_b),F_b可以表示为:

$$F_b = x_m \frac{B \nabla B}{\mu_0} C \tag{1-8}$$

(3)影响化学反应

Yamaguchi[70-72]等认为磁场在一定程度上会影响电化学反应过程,当磁场强度较高时,

应考虑磁吉布斯自由能的影响,磁吉布斯自由能 G_M 可表示为:

$$G_M = -\frac{\chi_v B^2}{2\mu_0} \tag{1-9}$$

$$\Delta G_M = \sum_x n_x G_{M(x)} \tag{1-10}$$

式中　G_M——磁吉布斯自由能,J/mol;

　　　χ_v——物质的体积磁化率;

　　　B——磁感应强度,T;

　　　μ_0——真空磁化率,m/H;

　　　ΔG_M——总磁吉布斯自由能,J/mol;

　　　n_x——反应平衡系数;

　　　G_M——单种物质磁吉布斯自由能,J/mol。

在电沉积过程中,存在金属离子放电以及析氢等化学反应,磁吉布斯自由能会影响到化学反应过程,特别是一些多种金属离子的共沉积过程[73]。

（4）影响溶液的物理化学性能

在电沉积过程中,施加的磁场还会影响电镀液的物理化学性质,比如电镀液 pH 值、电导率、表面张力、电流效率等[74],具体见表 1-3。

表 1-3　磁场对电镀液性质的影响[74]

	铁电镀液（Fe 液）			镍电镀液（Ni 液）		
	未磁化	磁化	变化量	未磁化	磁化	变化量
pH 值	3.615	3.665	+0.050	5.395	5.455	+0.060
电导率/($\mu\Omega\cdot$cm)	7 160	7 300	+140	5 470	5 630	+160
润湿角/(°)	74	70	−4	83	77	−6
镀液分散能力/%	−18.37	−16.41	+1.96	29.41	31.49	+2.08
电流效率/%	46.97	52.54	+5.57	98.22	98.43	+0.21

（5）影响电极表面的电流分布

施加的磁场还会影响阴极表面的电流分布,从而影响涂层的制备过程以及其最终综合性能。磁场作用下,阴极表面电流密度越大,局部极化度越大,这能够促进阴极表面电流分布的均匀性。Hinds 等[75]从力学方面分析了 1 T 磁场强度下磁场对镀液中离子传质过程的影响,如表 1-4 所示,由此可见,磁场对电沉积的影响是非常显著的。

表 1-4　作用在电解液中的各种力[76]

力的名称	表达式	数量级/(N/m^3)
扩散力（F_D）	$RT\,\nabla c$	10^{10}
电迁移力	$zFc\,\nabla V$	10^{10}
强制对流力	$\rho(r\omega)/2\delta_0$	10^5
自然对流力	$\Delta\rho g$	10^3

表 1-4(续)

力的名称	表达式	数量级/(N/m³)
黏性阻力	$\eta \nabla^2 v$	10^1
浓度梯度力(F_P)	$\chi_m B^2 \nabla c/2\mu_0$	10^4
磁场梯度力(F_B)	$\chi_m c B^2 \nabla B/\mu_0$	10^1
洛伦兹力(F_L)	$j \times B$	10^3
动电力(F_E)	$\sigma_d E_{\parallel}/\delta_0$	10^3
磁滞阻力(F_M)	$\sigma v \times B \times B$	10^1

因此,在电沉积过程中施加磁场,磁场与电场交互产生的 MHD 效应,会对镀层密度、晶粒大小、镀层与基体间结合力等产生显著的影响,从而影响镀层的性能(图 1-7)。

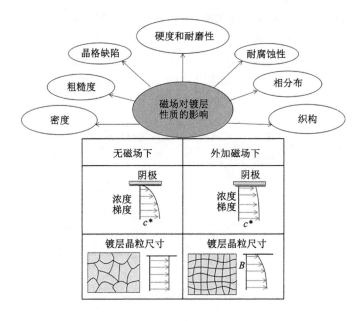

图 1-7 磁场对镀层性质的影响

1.5 研究内容

本书从利用 CVD 技术制备 6.5%Si 高硅钢薄带得到启示:避开传统的轧制工艺,以 Si 元素的引入为切入点,直接将 Si 元素引入硅钢薄带形成近终性硅钢薄带,然后经均匀化热处理从而制备出高硅钢薄带。此外,由于在热处理过程中 Si 与 Fe 反应生成铁硅相,会产生大量的缩孔[77-79](图 1-8),从而显著降低了硅钢薄带的磁性能。本书以低硅钢薄带为基体材料,采用复合电沉积技术将富硅颗粒共沉积进入薄带表层,然后经过高温均匀化扩散处理从而制备出整体硅含量约为 6.5%的高硅钢薄带。潘应君等[76]采用传统搅拌方式获得的镀层硅含量较低,在最佳工艺参数下制得的复合层中硅含量仅为 6.45%,若进一步经高温均匀化热处理,获得的样品整体硅含量将远低于 6.5%。因此,本书提出采用磁场电沉积技术,在电沉积过程中通过施加磁场引发的 MHD 效应改善镀液的传质特性,提高复合层中颗粒的含量,并实现颗粒在涂层中的均匀化分布。同时,MHD 效应改善了电镀液的传质行为,从而显著改善镀层与基体界面间的结合力。

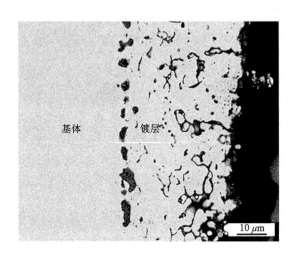

图 1-8 采用 Si 颗粒获得的镀层热处理后的横截面图

目前关于磁场下复合电沉积的研究比较少,而且施加的颗粒主要集中在纳米级惰性颗粒如陶瓷颗粒,而对于微米级的颗粒特别是关于一些导电性较强、具磁性的金属基颗粒的复合电沉积研究非常少。对于磁场有关作用机理还有待进一步研究,已有的模型难以适用于不同的体系。因此,为了阐明磁场对金属-不同特性颗粒复合电沉积过程的影响机制,实现对复合镀层表面形貌、颗粒含量及分布的主动调控,制备出符合要求的金属-颗粒复合镀层,则需要对该项工作进行详细深入的研究。本书采用 Fe 与富含硅元素的 Fe-Si 合金颗粒及纯 Si 颗粒,利用复合电沉积技术制备 Fe-Si 复合镀层,同时采用清洁无污染高能量的磁场设备,研究磁场对复合层表面形貌、颗粒含量及分布的影响规律及影响机制。本书在采用合适的复合电镀液体系基础下,开展了以下研究:

(1) 无磁场下 Fe-Si 复合层的制备工艺,考察了颗粒自身硅含量(30%Si、50%Si、70%Si 和 100%Si)、颗粒浓度、搅拌强度、搅拌方式、电极排布方式、电流波形、电流密度以及超声场对镀层形貌以及硅含量的影响。

(2) 研究了水平磁场下磁感应强度(0~1.2 T)和竖直强磁场(0~8 T)、磁场位向、电流密度和电极排布方式对镀层形貌、颗粒含量和分布状态的影响规律,以及电沉积过程中形核、生长、长大过程的影响规律,并提出了微观 MHD 效应和宏观 MHD 效应以及梯度磁场力对复合电沉积过程的影响机制。

(3) 为探讨磁场对复合电沉积过程的影响机制,本书采用电化学工作站,对磁场下电化学过程金属离子传输行为进行了分析和讨论,考察了磁场强度以及磁场与电场排布位向对纯铁的电沉积过程中电化学行为的影响规律。

第 2 章　Fe-Si 镀层制备方案

2.1　电镀液成分及工作条件

本书所用的材料除了去离子水、分散剂和 Fe-Si 粉末为自制外,其他材料均为外购,电镀液成分及电镀条件见表 2-1。硫酸亚铁($FeSO_4 \cdot 7H_2O$)和氯化亚铁($FeCl_2 \cdot 4H_2O$)是作为阴极 Fe^{2+} 放电的主盐。镀液中的 Cl^- 主要起着阻碍阳极钝化以及促进阳极正常溶解,同时起着增加阴极极化和调节镀层质量的作用。为了防止施加的粉末在电镀液中团聚,在电镀的过程中施加了一定量的十二烷基苯磺酸钠作为分散剂。

表 2-1　实验采用电镀液成分及电镀条件

成分		电镀条件	
$NH_4 \cdot Cl$	23 g/L	镀液颗粒浓度	5～140 g/L
$FeSO_4 \cdot 7H_2O$	250 g/L	pH	1.5±0.05
$FeCl_2 \cdot 4H_2O$	30 g/L	温度	25 ℃±1 ℃
分散剂	0.2～0.5 g/L	电流密度	0.5～4 A/dm²

2.2　实验仪器设备与材料

2.2.1　水平磁场实验设备

水平磁场是由直流电磁铁产生的,电磁铁磁极之间的距离可调(0～300 mm),当磁极间距为 100 mm 时,最大磁感应强度可达 1.2 T,磁场方向为水平方向。实物如图 2-1 所示。当磁极间距固定时,磁感应强度可通过调节电路中的电流大小来进行控制,该电源提供的电流可以在电磁铁气隙中产生稳恒磁场。其电流与磁感应强度的关系曲线见图 2-2。

水平磁场下电镀实验装置示意图如图 2-3 所示。由于磁场的方向在水平方向上是固定的,为了考察磁场、电流以及重力作用的影响,笔者采用竖直电极和水平电极两种类型来考察磁场对电沉积过程的影响。当采用竖直电极电镀时,磁场和电流(I)可以垂直分布(电场方向与磁场方向相互垂直,用 $B \perp I$ 表示),也可以平行分布(电场与磁场方向相互平行,用 $B \parallel I$ 表示)。而采用水平电极电镀时,磁场和电流方向是垂直的,阴极在下,工作面朝上;阳极在上,工作面朝下。

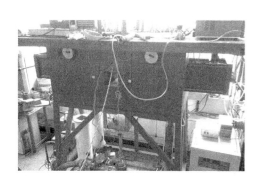

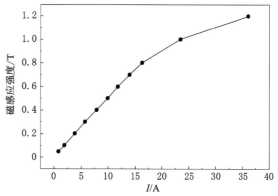

图 2-1　水平磁场发生器实物图

图 2-2　直流磁体产生的磁感应强度与
输入电流的关系($d=100$ mm)

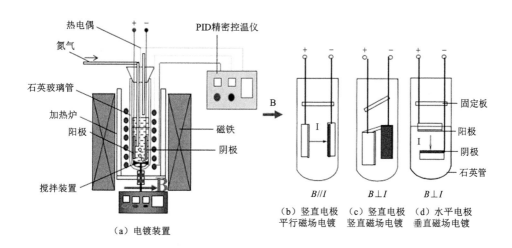

图 2-3　水平磁场下电镀实验装置示意图

2.2.2　竖直强磁场实验设备

本研究使用的强磁场发生装置为超导强磁体,是英国牛津仪器有限公司(Oxford Instrument Co. Ltd.)所生产的。其室温工作空间是一个竖直的圆柱形通孔,直径 98 mm,高度 1 174 mm。图 2-4 为超导强磁体实物图。磁场中心的磁感应强度在 0~12 T 之间连续可调,调整精度可达 10^{-4} T,其方向为竖直向上。

采用 HT700SP 数字磁通计来测定超导强磁场的参数。图 2-5 所示为测得的 10 T 磁场下磁感应强度分布曲线,由图可知磁感应强度距离磁体顶端 100 cm 处达到最大值,即此处为磁场的中心点,在磁场中心点上下等距离的区域内,磁感应强度呈对称分布。本实验采用距离磁场中心点上下 4 cm 的区域,磁感应强度变化小于 0.2 T,测试时均选用样品中间部分。这一区域以外的磁感应强度沿轴向快速衰减,从而在磁场中心的上部和下部形成方向相反的梯度磁场,10 T 磁场下的磁场梯度积 $\left(B\dfrac{\mathrm{d}B}{\mathrm{d}Z}\right)$ 沿 Z 向(竖直方向)分布如图 2-6 所示。

图 2-4　超导强磁体实物图

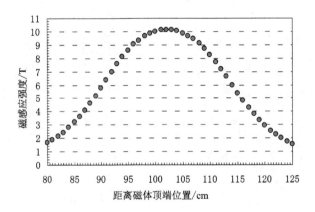

图 2-5　10 T 磁场下磁感应强度分布曲线

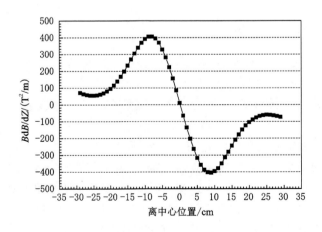

图 2-6　强磁场中磁场梯度随中心距离的变化关系(10 T)

在强磁场中电镀实验装置示意图如图 2-7 所示。磁场方向固定竖直向上,为了考察磁场与电流的方向以及重力作用的影响,当采用竖直电极电镀时,磁场和电流方向只可能是垂直分布($B \perp I$),当采用水平电极电镀时,磁场和电流方向为平行分布($B \parallel I$)。

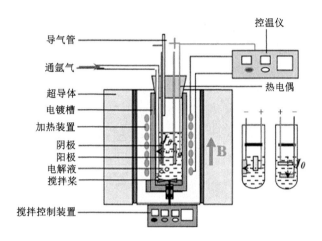

图 2-7　强磁场下电镀实验装置示意图

2.2.3　其他实验仪器和设备

实验时主要采用的仪器及设备如表 2-2 所示。测 Fe-Si 棒电导率的 2182A 型纳伏表实物如图 2-8 所示。

表 2-2　实验仪器及设备

实验仪器及设备	型号
电子天平	CP1502
QM 系列行星式球磨机	QM-3SP4
直流稳压稳恒电源	QJ3005S
体视显微镜	VHX-2000
纳伏表	2182A
光学显微镜	Leica Q-500
电子扫描显微镜	VEGA 3 SBH-Easyprobe
振动样品磁强计	Lakeshore7407
X 射线衍射仪	D/Max-2200
颗粒激光粒度测试仪	Mastersizer 2000
pH 测试仪	PHS-3C
电化学工作站	CHI660
饱和甘汞电极	232

图 2-8 纳伏表

2.3 实验方案

2.3.1 实验流程

磁场下复合电沉积技术在普通复合电镀的基础上施加磁场,借助磁场的作用制备出目标产品。其基本工艺流程为:预处理→电镀→样品处理→检测。本书采用的颗粒为微米级 Fe-Si 合金粉和纯 Si 粉,由于受到较大的重力作用,微米级颗粒仅仅依靠分散剂的作用无法使颗粒均匀地分散在电镀液中,很快沉降在电镀槽底部。因此,必须借助一定强度的搅拌作用才能使微米级颗粒均匀地悬浮在电镀液中。同时,由于 Fe-Si 合金粉具有一定的软磁性能,在预分散颗粒过程以及电镀过程中不能采用电磁搅拌进行分散。因此,在电镀过程中采用一定强度的下置式机械搅拌或采用循环镀液的搅拌方式以保证镀液中颗粒能均匀地悬浮在电镀液中。磁场下复合电沉积法制备 Fe-Si 镀层的实验步骤大致如下:

(1)在配制好的镀铁基础溶液中加入 0.5 g/L 纯铁粉,防止镀液中 Fe^{2+} 氧化。

(2)称取一定量 Fe-Si 或纯 Si 粉末加入电解池中,然后加入适量的电镀液和分散剂,同时在导入氩气状态下对电镀液进行搅拌 10 min,以降低其中的氧含量,调节控温装置对镀液进行加热,使镀液温度达到设定值。

(3)待镀液温度达到要求后,停止通入氩气,开通电源,开始电镀。

(4)电镀完成后,对样品进行处理,去除镀层表面上残留的粉体,冷风吹干后在真空下室温保存,然后进行检测。

磁场下电沉积采用的水冷磁体产生的磁场为水平磁场,其磁感应强度在 1.2 T 以下。本书考察了磁场强度、磁场位向、电流波形、电流密度以及电极排布方式对复合镀层的影响规律。通过分析磁场对镀层结构、形貌及颗粒含量的影响,并采用电化学分析方法研究磁场对铁电沉积过程的影响,全面考察磁场对 Fe/Fe-Si 复合电沉积的作用机理。实验工艺流程图如图 2-9 所示。

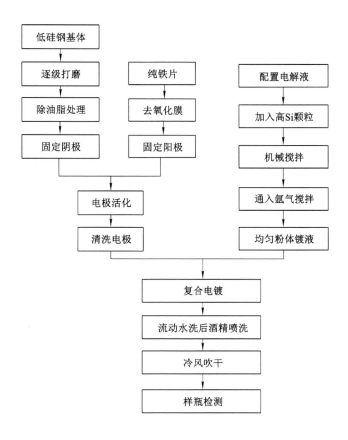

图 2-9　Fe-Si 复合电镀实验工艺流程图

2.3.2　镀件表面加工和预处理

实验中制备 Fe-Si 镀层镀件阴极基体材料为含 Si 2.5% 的低硅钢薄带,厚度约 0.25 mm,阳极采用纯铁片,厚度为 0.5 mm,阴极和阳极尺寸均为 20 mm×20 mm。为了实现上述镀层和基体金属的良好结合,在复合电镀前,合适的预处理工作非常重要,必须彻底地清除硅钢薄片表面上的铁锈、氧化膜及油污等。

① 除油处理。在本实验过程中采用超声波除油的办法,将处理好的镀件放入 5% 的 NaOH 溶液中超声波清洗两分钟,清洗后要用蒸馏水冲洗干净。

② 表面除油后的镀件,表面处于钝化状态,需要进行表面活化处理。采用 0.5 mol/L 硫酸室温下阳极刻蚀,电流密度为 2 A/dm², 时间 2 min,处理后立即用自来水冲洗,然后用蒸馏水洗净,再进行电镀过程。基底预处理的目的是得到一个清洁、活化的稳定的表面。

Fe-Si 镀层形貌、元素含量及分布采用 VEGA 3 SBH-Easyprobe 型扫描电镜自带的 EDS 能谱分析仪分析获得(图 2-10)。同时,在分析镀层表面宏观形貌时,本书采用 VHX-2000 型体视显微镜进行观察。

（a）VEGA 3 SBH-Easyprobe扫描电镜

（b）VHX-2000型体视显微镜

图 2-10　分析仪器实物图

2.4　制备及分析测试方法

2.4.1　Fe-Si 合金粉及纯 Si 粉的制备

本书 Fe-Si 合金粉是采用熔融-破碎的方法制备得到的。首先,将 3N 纯铁粉和 6N 高纯硅块分别按照 30%、50%、70%比例,在真空感应炉中带水冷铜模的高纯刚玉坩埚中熔化,并在 1 500 ℃保温 30 min,以确保熔体成分均匀。待合金锭快速冷却后,采用碳化钨（WC）球磨罐和 WC 球,以酒精为添加剂,在氩气保护气体中对合金锭采用高能球磨的方法进行碾磨,转速为 160 r/min,球磨时间为 35 h,然后在 45 ℃真空干燥箱中进行烘干。采用氧化铝研钵对上述样品进行手工研磨,并用筛分的方法获得一系列不同类型和粒度的 Fe-Si 粉体。制备过程实物图如图 2-11 所示。制备得到的粉体采用化学分析法进行成分分析,见表 2-3,球磨过程中颗粒的氧化情况可忽略不计。

表 2-3　Fe-Si 粉及纯 Si 粉体的成分分析

成分	$w_{Fe}/\%$	$w_{Si}/\%$	$w_O/\%$
Fe-30%Si	69.82	29.83	0.35
Fe-50%Si	50.05	49.76	0.19
Fe-70%Si	70.07	69.67	0.26
纯 Si 粉体	0.04	99.9	0.06

（a）熔融Fe-Si合金　　　　　　　（b）Fe-Si合金锭

（c）酒精湿法球磨制备Fe-Si粉及纯Si粉　　（d）Fe-Si粉真空干燥　　　　（e）Fe-Si干燥粉块

图 2-11　Fe-Si 粉体制备过程图

2.4.2　Fe-Si 合金粉体及纯 Si 粉体的粒度测试

图 2-12 和图 2-13 表示不同 Si 含量的 Fe-Si 合金粉体和纯 Si 粉体 SEM 形貌及采用激光粒度分析仪获得的粒径分布图。由图可知,四种不同类型颗粒的粒度分布相似且差别较小,平均粒径约 2.3 μm。

（a）Fe-30%Si　　　　　　　　　（b）Fe-50%Si

图 2-12　不同类型 Fe-Si 粉及纯 Si 粉的 SEM 图

（c）Fe-70％Si   （d）纯Si粉

图 2-12（续）

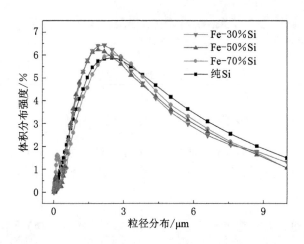

图 2-13　采用激光粒度分析仪测得 Fe-Si 粉体和纯 Si 粉体的粒径分布图

2.4.3　密度测试

　　将不同配比的粉体在真空熔炼炉中进行充分熔化,采用内径为 10 mm 的石英管进行吸铸,得到 Fe-Si 合金棒。采用阿基米德方式在酒精溶液中测试 Fe-30％Si、Fe-50％Si、Fe-70％Si 棒材的密度,利用棒材的密度表征粉体颗粒的密度。测得粉体颗粒的密度分布如图 2-14 所示,由图可知,随着颗粒中 Si 含量的增加,颗粒的密度显著下降。Fe-30％Si、50％Si、Fe-70％Si 颗粒和纯 Si 颗粒的密度分别为 6.25 g/cm³、4.72 g/cm³、3.34 g/cm³ 和 2.33 g/cm³。

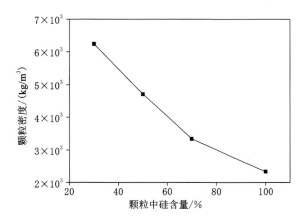

图 2-14　不同硅含量 Fe-Si 颗粒密度分布图

2.4.4　电导率测试

由于 Fe-Si 颗粒的电导率无法用常规的方法准确测出,本书采用 Fe-Si 合金棒材的电导率表征 Fe-Si 颗粒的电导率。Fe-Si 合金棒材电导率测试方法为:

(1) 将铁粉和硅粉按照 30%、50% 和 70% 的比例在抽真空加高纯氩保护气体的感应炉中充分熔化后,保持 10 min;

(2) 采用吸铸的方法制成直径 8 mm、长 100 mm 的合金棒;

(3) 然后采用美国吉时利公司(Keithly)生产的纳伏计和纳流计,利用四探针法测量合金棒的电阻(R);

(4) 通过电导率公式 $\rho = RS/L$,其中 S 表示合金棒的横截面面积,L 表示合金棒的长度,计算出合金棒的电导率。图 2-15 所示为不同硅含量的 Fe-Si 合金棒的电导率,即相应硅含量的 Fe-Si 颗粒电导率。

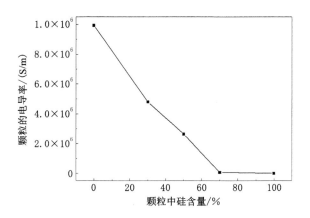

图 2-15　不同硅含量的 Fe-Si 颗粒及纯 Si 颗粒的电导率

由图 2-15 中可知,较低硅含量的合金棒具有较高的电导率,随着硅含量升高,合金的电导率显著降低,测得 Fe-30％Si、Fe-50％Si、Fe-70％Si 合金棒材的电导率分别为 4.79×10^5 S/m、2.63×10^5 S/m 和 6.52×10^3 S/m,电导率较大。通过查文献知纯 Si 的电导率为 2.52×10^{-4} S/m,接近于零,为难电导颗粒,甚至远低于电镀液的电导率(约 4.35 S/m)。

2.4.5 电化学测试

电化学测试装置采用上海辰华仪器有限公司生产的 CHI660C 电化学工作站。采用三电极体系进行电化学测试,电解槽为有机玻璃制作的长方体结构(40 mm×40 mm×70 mm),体积为 120 mL,两个电极安装在其中对应的两槽壁的中央,电极之间的距离为 40 mm,参比电极固定在电解槽中央。以圆形玻碳电极为工作电极(直径为 4 mm),采用直径为 15 mm 的圆形铂片为对电极,采用饱和甘汞电极(SCE)为参比电极。电沉积过程采用的分析方法有循环伏安法、计时电流、交流阻抗法和线性扫描法等。电化学测试装置示意图如图 2-16 所示。研究电结晶过程时,循环伏安曲线的电位为 -1.15 V,扫描速率为 10 mV/s。线性极化曲线从开路电位到 -1.2 V,扫描速率为 1 mV/s。书中所有电位都是相对于饱和甘汞电极的电位。交流阻抗偏置电位从 -0.8 V 到 -1.15 V,频率从 100 kHz 到 0.01 Hz,振幅为 5 mV。

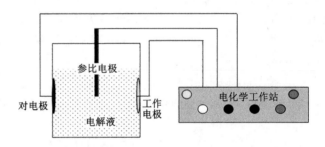

图 2-16　电化学测试装置示意图

第 3 章　无磁场下制备 Fe-Si 镀层

本章对在硫酸盐-氯化物体系中加入 Fe-30％Si、Fe-50％Si、Fe-70％Si 和纯 Si 四种颗粒制备 Fe-Si 镀层进行了研究,考察了搅拌方式(循环电镀液、下置式搅拌)和电极排布方式(水平电极和竖直电极)以及搅拌强度(镀液流速、搅拌转速)、镀液颗粒浓度、颗粒类型、电流波形、电流密度等对 Fe-Si 镀层形貌及镀层硅含量的影响。

3.1　下置式搅拌电镀制备 Fe-Si 镀层

3.1.1　竖直电极电镀对镀层形貌及硅含量的影响

在复合电沉积的过程时,由于施加的 Fe-Si 颗粒及纯 Si 颗粒的粒度均为微米级,颗粒会受到较大的重力作用,在重力的作用下颗粒倾向于沉降至电镀槽底部,导致颗粒无法均匀悬浮在电镀液中。因此,为了使 Fe-Si 颗粒及纯 Si 颗粒均匀地悬浮在电镀液中,在电沉积过程中必须施加一定强度的搅拌作用。但是,搅拌强度会对颗粒的共沉积过程产生显著影响,搅拌强度过大会导致电镀液对电极表面具有较大的冲刷作用,不利于颗粒进入复合层;当搅拌强度较小时,镀液中颗粒又不能充分分散在电镀液中,也不利于 Fe-Si 颗粒在共沉积过程中进入镀层。

图 3-1 所示为电镀过程中搅拌速度对 Fe-Si 镀层硅含量的影响。由图 3-1 可知,在搅拌速度约 60 r/min 时,采用 Fe-30％Si、Fe-50％Si、Fe-70％Si 和纯 Si 颗粒制备的镀层硅含量均达到最大值。同时,在 20~150 r/min 转速范围内,采用 Fe-30％Si 颗粒获得的镀层硅含量明显高于其他三种类型颗粒。随着颗粒硅含量增高,镀层硅含量明显下降,采用纯 Si 颗粒获得的镀层硅含量最低。在转速为 60 r/min 和颗粒浓度为 50 g/L 时,Fe-30％Si 颗粒在电流密度为 2 A/dm² 下获得的镀层硅含量可达 7.34％,而采用纯 Si 颗粒获得的镀层硅含量只有 2.53％。

图 3-2 所示为在不同电流密度下获得的镀层硅含量趋势图。由图可知,采用四种颗粒获得的镀层硅含量均随着电流密度的增加出现先增加后降低的趋势,在电流密度为 2 A/dm² 时达到最大值。在 1~4 A/dm² 范围内的电流密度下,采用 Fe-30％Si 颗粒获得的镀层硅含量最高,随着颗粒中硅含量的增高,镀层硅含量显著下降。

随着电流密度的增加,电场作用力增强,颗粒共沉积速度和阴极表面 Fe²⁺ 放电还原生成金属 Fe 原子的速度同时加快,但两者处于相互竞争的过程,电流密度低于 2 A/dm² 时,可能对颗粒进入镀层相对更有利。同时,随着电流密度的增大,副反应析氢反应加重,氢气的析出过程带来电镀液的扰动,这一方面可以促进电镀液的传质作用,有利于镀液中颗粒向阴极表面传输,使镀层硅含量增加;另一方面,随着电流密度进一步增加,阴极氢气析出速度加快,造成电

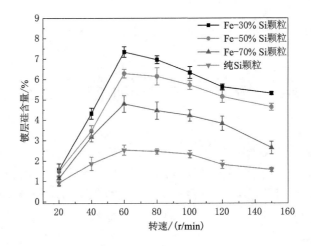

图 3-1　搅拌速度对 Fe-Si 镀层硅含量的影响（颗粒浓度为 50 g/L，电流密度为 2 A/dm²）

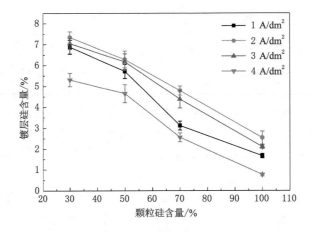

图 3-2　不同电流密度对 Fe-Si 镀层硅含量的影响

镀液扰动加剧，对阴极表面上的颗粒具有一定的冲刷作用，从而阻碍了颗粒在阴极表面上的吸附，或者将即将共沉积的颗粒重新带入电镀液中，导致镀层颗粒硅含量降低。

图 3-3 所示为颗粒浓度为 80 g/L 时的镀层形貌、元素面分布以及镀层横截面图。自身硅含量越低的颗粒获得的镀层表面越粗糙，由 Fe-30％Si 颗粒获得的镀层表面还出现明显凸出的主要成分为铁的"圆丘"状突出物。随着颗粒硅含量的增加，镀层表面变得比较平整，同时镀层表面颗粒数明显减少，这与镀层横截面上颗粒密度趋势一致（图 3-4）。图 3-5 所示为镀液颗粒浓度对镀层硅含量的影响。由图可知，镀层硅含量随着镀液颗粒浓度的增加而增加。而且在颗粒浓度为 120 g/L 以下时，Fe-30％Si 颗粒镀层硅含量明显高于其他富 Si 颗粒获得的镀层硅含量。当颗粒浓度为 80 g/L 时，Fe-30％Si 颗粒镀层硅含量可达到 9.32％，而纯 Si 颗粒获得的镀层硅含量只有 2.92％。

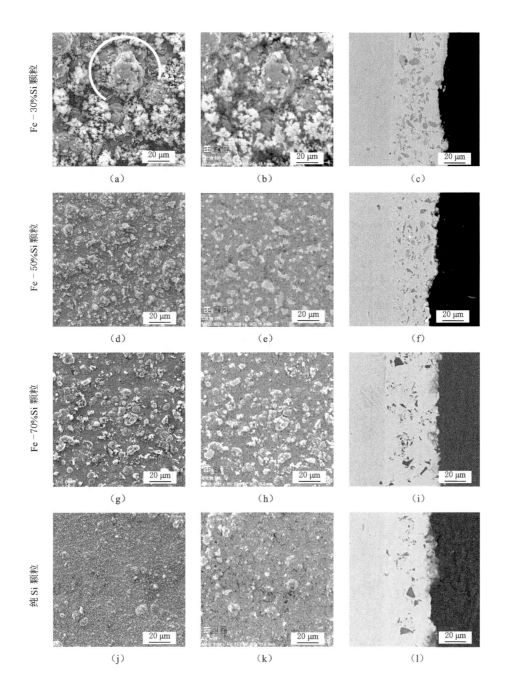

图 3-3　镀层形貌、元素面分布及镀层横截面图

注:a、d、g 和 j 表示由四种颗粒得到的镀层表面形貌图,b、e、h 和 k 表示相应的元素面分布图;
c、f、i 和 l 表示镀层横截面图

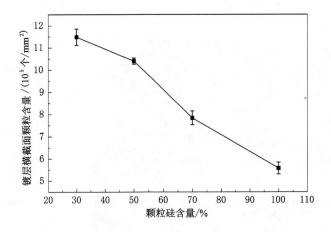

图 3-4 镀层横截面颗粒密度(表示横截面每平方毫米镀层颗粒数)

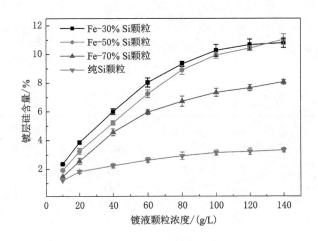

图 3-5 颗粒浓度对镀层硅含量的影响

3.1.2 水平电极电镀对镀层形貌及硅含量的影响

图 3-6 表示采用水平电极电镀时获得的镀层表面形貌及其对应的横截面图。与前面所述的竖直电极电镀相比,镀层表面和镀层横截面中的颗粒数目要显著高于由竖直电极电镀获得的镀层。

采用水平电极电镀时,重力作用和颗粒中硅含量是影响镀层硅含量的主要因素。在重力的作用下,大量的颗粒沉降到阴极表面,虽然电镀液对阴极表面具有一定的冲刷作用,但很大部分颗粒还是会被 Fe^{2+} 放电还原的铁原子所包覆并捕获。因此,颗粒中硅含量应该是影响镀层硅含量的决定性因素。由于镀液中施加的颗粒浓度一定,因此溶液中 Fe-30％Si颗粒、Fe-50％Si 颗粒、Fe-70％Si 颗粒的 Si 元素含量分别只有纯 Si 颗粒中 Si 元素含量的30％、50％和70％。随着施加颗粒自身硅含量的升高,电镀获得的镀层硅含量显著升高。当颗粒浓度为 10 g/L 时,纯 Si 颗粒电镀后获得的镀层硅含量可达到37.94％,而 Fe-30％Si 颗粒获得的镀层硅含量只有 12.65％〔参见图 3-7(a)〕。图 3-7(b)为镀层横截面中颗粒数,与竖直电极获得的横截面颗粒数趋势并不一致,这可能是在统计颗粒数时只选择了粒径大于 1 μm 的颗粒进行统计导致的,而小粒径颗粒在电沉积的过程中很容易被 Fe^{2+} 放电形成的铁原子快速吞没所致。

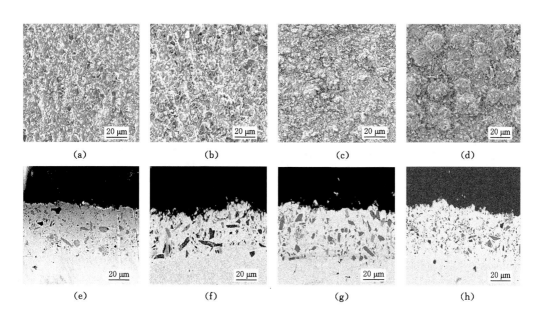

图 3-6　采用 Fe-Si 颗粒和纯 Si 颗粒、水平电极电镀获得的镀层表面形貌及横截面图

(电流密度为 2 A/dm^2,颗粒浓度为 10 g/L)

注:a~d 为镀层表面形貌,e~h 为相应镀层横截面图

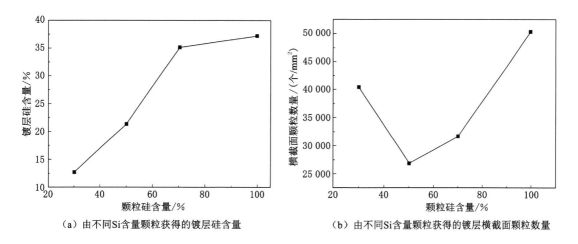

(a) 由不同Si含量颗粒获得的镀层硅含量　　　　(b) 由不同Si含量颗粒获得的镀层横截面颗粒数量

图 3-7　采用不同类型 Fe-Si 颗粒和纯 Si 颗粒获得的镀层硅含量及横截面颗粒数量图

3.1.3　电沉积过程分析

(1) 粒径对镀层形貌及硅含量的影响

为了更好地考察颗粒在电沉积过程中的迁移过程,笔者又采用了小粒径颗粒进行电沉

积。图 3-8 给出了 30％、50％和 70％Si 含量的硅铁颗粒和纯硅颗粒的粒径,从图中可以发现平均粒径约为 1 μm,不同类型的颗粒粒径分布相似。由于采用下置式机械搅拌可能对阴极表面具有较强的冲刷作用,影响颗粒的共沉积过程,笔者采用循环镀液的方式使颗粒尽可能均匀地悬浮在溶液中。

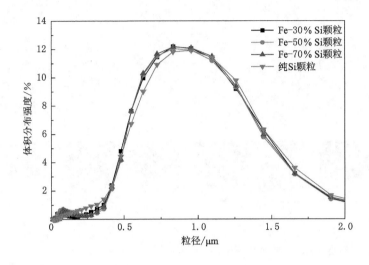

图 3-8　颗粒的粒径分布

在电沉积过程中,以纯铁片(20 mm×30 mm×0.5 mm,铁 99.99％)为阴极和阳极,两者之间的距离为 20 mm。电镀前,用稀硫酸(0.5 mol/L)将溶液 pH 值调至 1.5,用高纯氩气泡搅拌电镀液,以降低溶液中的氧含量。在电沉积过程中,循环电镀液防止颗粒沉降。同时,用倒置漏斗将电镀液引入电解槽,在电极前 10 mm 处安装一对直径为 3 mm 圆孔的栅板,进一步以避免电解液对电极表面的冲刷作用(参见图 3-9)。

图 3-10 显示了由不同类型颗粒获得的镀层的扫描电镜照片。从图 3-10 可以看出,对于不同类型的颗粒,其在镀层表面上的分布是均匀的。同时,随着硅含量的增加,分布在镀层表面的不同类型的颗粒数量明显减少。从图 3-11 所示的相应镀层的横截面也可以观测到颗粒能较好地进入复合镀层中。此外,镀层中的硅含量随着颗粒浓度的增加而显著增加(图 3-12),在 50 g/L 颗粒浓度和 2 A/dm² 电流密度下,采用硅含量为 30％的 Fe-Si 颗粒获得的镀层硅含量约为 9.76％,而纯 Si 颗粒获得的镀层纯硅含量仅为 4.48％。当颗粒浓度大于 50 g/L 后,镀层硅含量增量变得相对平缓。同时,随着电流密度的增加,镀层的硅含量随之增加,在 2 A/dm² 时达到最大值,继续增加电流密度,镀层硅含量具有降低的趋势。

(2)颗粒在电沉积过程中的迁移过程及影响因素

根据 N. Guglielmi[80]的研究,电镀液中进入金属基体中的颗粒是通过两个连续的吸附步骤来实现的,包括"松散吸附"和"强吸附"。惰性粒子从溶液中到活性阴极表面的结合点的过程将经历以下几个阶段[81],如图 3-13 所示:首先,粒子表面吸附一些阳离子,通过强制对流向流体动力边界层(δ_0)移动,并通过扩散双层(δ)扩散。然后它被吸收在阴极表面,在阴极表面产生很高的覆盖度,这个过程是可逆的,因此被称为"松散吸附"。最后,吸附在颗

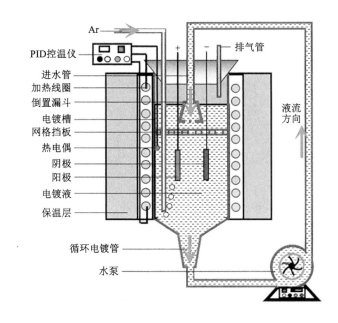

图 3-9　电沉积设备示意图

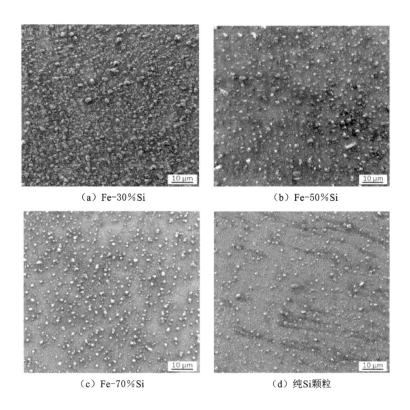

图 3-10　不同 Si 含量 Fe-Si 颗粒和纯 Si 颗粒下获得的镀层形貌图

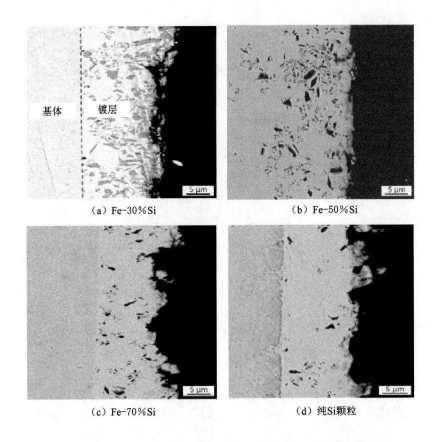

（a）Fe-30%Si　　　　　　　　（b）Fe-50%Si

（c）Fe-70%Si　　　　　　　　（d）纯Si颗粒

图 3-11　采用不同类型 Fe-Si 颗粒及纯 Si 颗粒获得的镀层横截面图

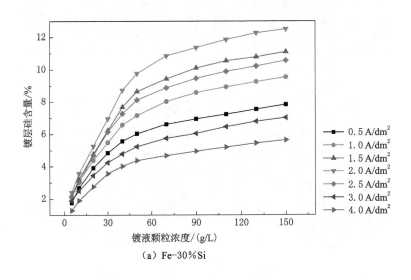

（a）Fe-30%Si

图 3-12　不同颗粒浓度和电流密度下的镀层硅含量

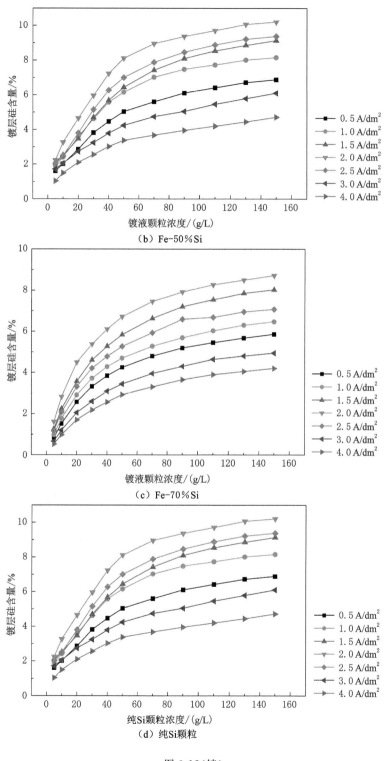

（b）Fe-50%Si

（c）Fe-70%Si

（d）纯Si颗粒

图 3-12（续）

粒上的金属离子还原产生不可逆的强吸附。最后,这些颗粒被生长的金属基质所吞没。在模型的建立过程中,假设颗粒在电镀液中始终保持均匀稳定悬浮状态,在复合电沉积过程中不会出现压力、温度、浓度或过电位变化,最终实现颗粒的共沉积过程。

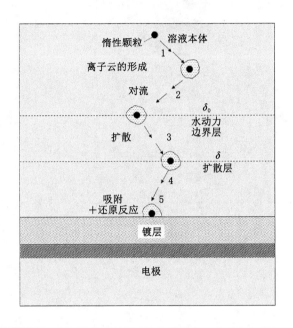

图 3-13　粒子共沉积

Guglielmi 模型可以表示为:

$$\frac{(1-a_v)c_v}{a_v} = \frac{Mi_0}{nF\rho_m v_0}e^{(A-B)\eta}\left(\frac{1}{k}+c_v\right) \tag{3-1}$$

式中,c_v 和 a_v 分别为电镀液和复合镀层中颗粒的体积分数;F 为法拉第常数;ρ_m、M 和 n 分别为电沉积金属的密度、相对原子质量和价态;η 为阴极过电位;A、B 为动力学方程中的常数。在电化学反应中,i_0 是交换电流密度,k 是朗缪尔等温线常数,B 和 v_0 是与粒子共沉积过程有关的常数。由式(3-1)可知,当电流密度相同时,$(1-a_v)c_v/a_v$ 与 c_v 呈线性关系,每条线的斜率可表示为:

$$\tan\varphi = \frac{Mi_0}{nF\rho_m v_0}e^{(A-B)\eta} \tag{3-2}$$

当 $(1-a_v)c_v/a_v$ 等于 0 时,可以计算每条直线的截距,因此可得 $(-1/k)$ 值。图 3-14 和图 3-15 给出了纯 Si 颗粒和 Fe-70％Si 颗粒在不同电流密度和颗粒浓度下 $(1-a_v)c_v/a_v$ 和 c_v 之间的关系。结果表明:采用纯 Si 颗粒电镀时,$(1-a_v)c_v/a_v$ 与的 c_v 呈线性关系。当电流密度小于 2 A/dm² 时,$(1-a_v)c_v/a_v$ 和 c_v 在不同电流密度下拟合直线的斜率将延伸到 x 轴上的 a_0(图 3-14),表明颗粒的吸附基本上遵循 Guglielmi 定律。当电流密度大于 2.5 A/dm² 时,拟合直线与 x 轴上的交点偏离 a_0,因此粒子的吸附过程偏离了 Guglielmi 定律,这与 Celis 和 Suzuki 的类似研究不一致[82-83]。当使用 70％Si 含量的 Fe-Si 粒子时,尽管在电流密度不超过 1.5 A/dm² 时,$(1-a_v)c_v/a_v$ 和 c_v 与 x 轴在同一点 b_0 处的交点呈线性关系。高于 1.5 A/dm² 后,直线与 x 轴的交点远离 b_0(图 3-15)。然而,当采用 Fe-30％Si 颗粒或 Fe-50％Si

颗粒时,特别是当 c_v 小于 0.01 时,$(1-a_v)c_v/a_v$ 和 c_v 不再呈现直线关系(图 3-16 和图 3-17)。因此,在不同的电流密度下,Fe-30％Si 和 Fe-50％Si 颗粒的共沉积过程明显不符合 Guglielmi 模型。

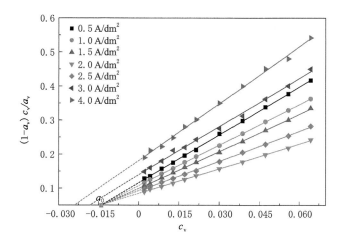

图 3-14 纯 Si 颗粒电沉积过程 $(1-a_v)c_v/a_v$ 和 c_v 关系图

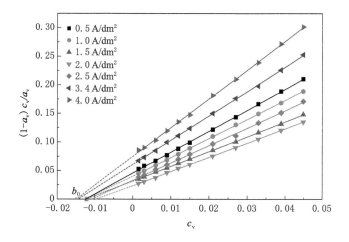

图 3-15 Fe-70％Si 电沉积过程 $(1-a_v)c_v/a_v$ 和 c_v 关系图

在阴极表面粒子共沉积过程中,反应常数(k)可以表示为:

$$k = \frac{k_a}{k_d} \qquad (3-3)$$

其中 k_a 和 k_d 分别是电极表面颗粒的吸附和解吸系数。因此,当 $k>1$ 时,可以推断颗粒的吸附速率快于解吸速率。同时根据式(3-3),可以假设强吸附的表面覆盖率接近颗粒的体积分数,从而估算松散吸附覆盖率。然而,只有一小部分松散吸附在阴极表面的颗粒可以通过 Fe^{2+} 还原共沉积。因此,从松散吸附向强吸附的转移应是颗粒共沉积过程的决定步骤。实验结果表明,Fe-30％Si 颗粒的共沉积明显比纯 Si 颗粒容易,Fe-30％Si 颗粒在 50 g/L 和 2 A/dm² 的条件下,镀层的硅含量约为 9.76％,而纯 Si 颗粒的共沉积硅含量仅为 4.48％。

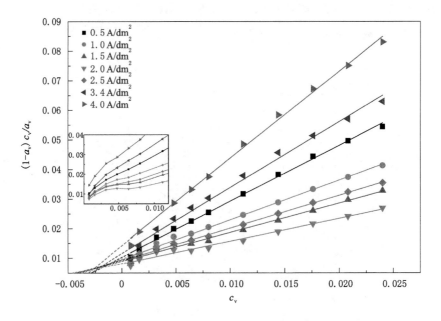

图 3-16 Fe-30％Si 电沉积过程$(1-a_v)c_v/a_v$ 和 c_v 关系图

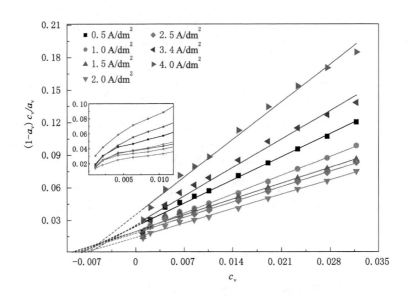

图 3-17 Fe-50％Si 电沉积过程中$(1-a_v)c_v/a_v$ 和 c_v关系图

另外,当电解液中颗粒浓度相同时,采用 Fe-30％Si 颗粒的镀液中总硅含量仅为 30％,这进一步表明 Fe-30％Si 颗粒的共沉积过程比纯 Si 颗粒容易得多。因此,有必要讨论粒子的性质对共沉积过程的影响。

在复合电沉积过程中,用 Stokes 公式计算电镀液中颗粒的最终沉降速度,可按下式计算:

$$\upsilon = \frac{g(\rho_s - \rho)}{18\mu}d^2 \tag{3-4}$$

式中,υ 为沉降速度,d 为颗粒直径,ρ_s 和 ρ 为颗粒和电解质溶液的密度,g 为重力加速度,μ 为溶液黏度。硅含量对颗粒最终沉降速率和颗粒密度的影响如图 3-18 所示。由式(3-4)可知,颗粒密度越大,最终沉降速度越大,不利于被还原金属离子捕获。然而,上述结果表明,Fe-Si 颗粒较纯 Si 颗粒更容易进入镀层,说明颗粒密度不是影响颗粒共沉积过程的关键因素。

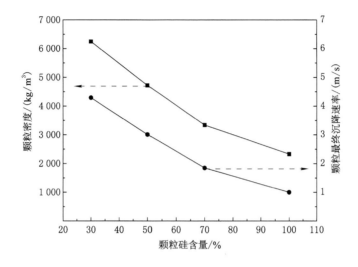

图 3-18 硅含量对颗粒最终沉降速率和颗粒密度的影响

从电沉积过程可以推测,颗粒的导电性有可能显著影响了颗粒的吸附过程。表 3-1 给出了不同类型颗粒和电解液的电导率,颗粒的电导率随颗粒硅含量的增加而降低,与电镀液相比,硅颗粒的导电性较差。

表 3-1　不同类型颗粒和电解质的电导率　　　　　　　　　　单位:S/m

颗粒硅含量/%				电解液
30	50	70	100	
4.79×10^5	2.63×10^5	6.52×10^3	2.52×10^{-4}	4.35

为了研究 Fe^{2+} 在电沉积过程中的放电行为、颗粒共沉积和 Fe-Si 镀层的生长过程,笔者在水平电极电沉积下,采用直径约为 50 μm 的纯 Si 颗粒和 Fe-30%Si 颗粒制备复合镀层,并观察其表面形貌和横截面。由于 Si 粒子的难导电性,当一些 Si 粒子到达阴极表面后,在粒子附近产生不均匀的电流分布[图 3-19(a)],这将导致有效电流密度显著增加。铁阴极表面 Si 粒子周围区域 Fe^{2+} 发生还原[图 3-19(b)]。当使用导电的 Fe-30%Si 粒子时,电流分布也会受到影响,但往往集中在导电粒子的表面,这相当于阴极表面的有效放电面积增加[图 3-19(c)、(d)]。Fe-30%Si 粒子与阴极接触后,颗粒表面 Fe^{2+} 容易还原,有利于 Fe-30%Si 粒子的共沉积。也就是说,导电 Fe-Si 粒子以"包层"的方式进入复合镀层,导电性差的硅粒子以"嵌入"的方式进入镀层。同时,上述情况与图 3-20 所示相应的 Fe-Si 复合镀层的表面形貌和横截面一致。

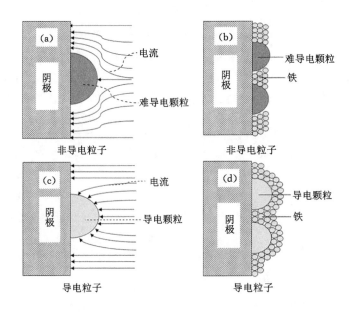

图 3-19　非导电粒子和导电粒子复合电沉积附近的电解电流分布示意图

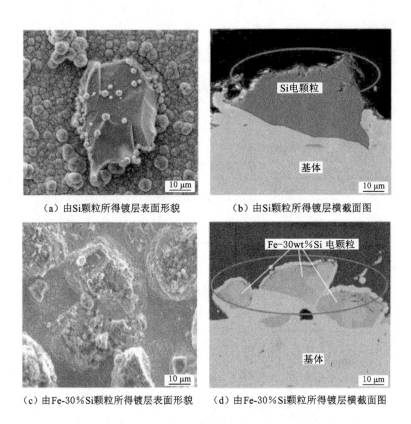

（a）由Si颗粒所得镀层表面形貌　　　　（b）由Si颗粒所得镀层横截面图

（c）由Fe-30％Si颗粒所得镀层表面形貌　　（d）由Fe-30％Si颗粒所得镀层横截面图

图 3-20　由纯 Si 颗粒和 Fe-30％Si 颗粒所得镀层的表面形貌和横截面图

此外,电流密度对颗粒共沉积过程也有很大的影响。结果表明,随着电流密度的增大,不同类型 Fe-Si 颗粒所得的镀层硅含量均增大,在 2 A/dm² 时达到最大值。当电流密度继续增大时,镀层硅含量降低。在电沉积过程中,被吸附的离子在不同的力作用下从溶液中迁移到阴极表面,这些力包括电场力、自然对流力和重力,其中一些颗粒能被生长的金属捕获,然后完全进入镀层。因此,可以推断,当电流密度小于 2 A/dm² 时,颗粒的转移速率比铁金属的生长速率快,而当电流密度大于 2 A/dm² 时,则相反。同时,Fe²⁺ 的标准电极电位为 −0.44 V,阴极极化电位随电流密度的增大而显著增大。因此,电沉积过程总是伴随着一个强烈的析氢反应,在阴极表面提供额外的搅拌。适当的搅拌可以加强溶液的传质,并可能促进颗粒的结合。然而,过强的搅拌会显著减少粒子的共沉积量,因为在完全结合之前,粒子可以被氢从阴极表面扩散引起的湍流带走。镀铁过程中的电流效率约为 65%[84],说明析氢反应比较强烈。电镀液干扰过大,影响了颗粒的吸附过程,降低了颗粒进入镀层的速率。因此,当电流密度超过 2.5 A/dm² 时,硅粒子的共沉积过程明显偏离了 Guglielmi 模型。

3.2　循环镀液搅拌电镀制备 Fe-Si 镀层

3.2.1　循环镀液直流电沉积对镀层形貌及硅含量的影响

由于镀液中 Fe-Si 颗粒受到较大重力作用,在电镀过程中采用循环电镀液方式尽可能使 Fe-Si 颗粒均匀地悬浮在溶液中,同时,为了避免搅拌过程对镀层造成较强的冲刷作用,在电极前方 20 mm 处水平方向设置了网格挡板,其中,网格挡板的孔径为 2 mm,相邻孔洞圆心间距为 6 mm。电镀槽镀液导流管内径为 10 mm,电镀液流动速度为 5 L/min。采用循环电镀液进行电镀时,分别考察了镀液流动方向、镀液颗粒浓度、电镀液流速、电流密度对 Fe-Si 镀层形貌及 Si 含量的影响。其中,镀液流速向下竖直电极电镀,采用 VDE 表示[图 3-21(a)];镀液流速向上竖直电极电镀,采用 VUE 表示[图 3-21(b)];镀液流速水平方向流动水平电极电镀,阴极在底部,采用 LLE 表示[图 3-21(c)]。

图 3-22 和图 3-23 所示为 Fe-50%Si 颗粒在镀液颗粒浓度为 50 g/L 和电流密度为 2 A/dm² 时,采用三种不同电极体系随镀液流速变化获得的镀层硅含量及镀层表面形貌图。当采用竖直电极电镀时,电镀槽中镀液流速向下循环搅拌,获得的镀层中硅含量比较低,最高只有 4.67%,但获得的镀层表面形貌比较平整。当采用镀液流速向上循环搅拌时,镀层中硅含量随镀液流速的增加呈先增加后降低的趋势,当镀液循环速度为 5 L/min 时,镀层硅含量达 10.33%,获得的镀层表面形貌变得比较粗糙。采用水平电极电镀时,随着镀液流速的增加,镀层中硅含量也呈现先增加后降低的趋势,但显著高于竖直电极电镀时获得的镀层硅含量,当镀液流速为 4 L/min 时,镀层硅含量可达 28.47%,获得的镀层形貌也比较粗糙且颗粒团聚较严重。

图 3-24 表示 Fe-50%Si 颗粒在不同镀液颗粒浓度下获得的镀层硅含量分布图。随着颗粒浓度的增加,采用三种不同电极体系获得的镀层硅含量均随着镀液颗粒浓度的增加而增加,采用竖直电极电镀时,镀层硅含量增加比较缓慢。当采用水平电极电镀时,随着镀液颗粒浓度增加到 50 g/L 后,镀层硅含量达到 26.37%,继续增加镀液颗粒浓度,镀层硅含量增加不明显。

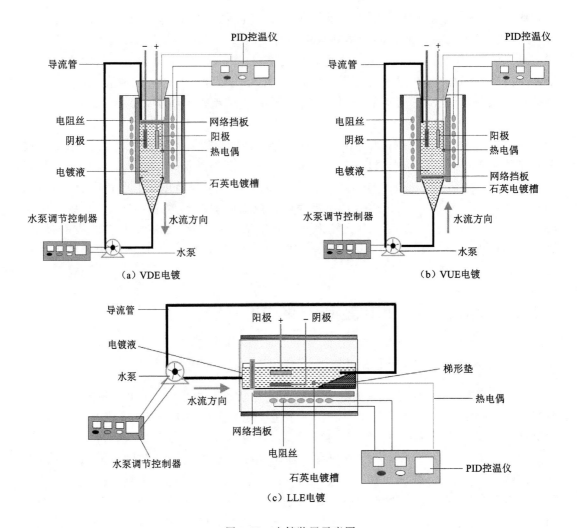

（a）VDE电镀   （b）VUE电镀

（c）LLE电镀

图 3-21　电镀装置示意图

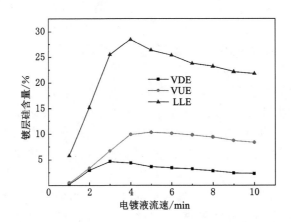

图 3-22　三种不同电极体系下 Fe-50％Si 颗粒在不同镀液流速下获得的镀层硅含量

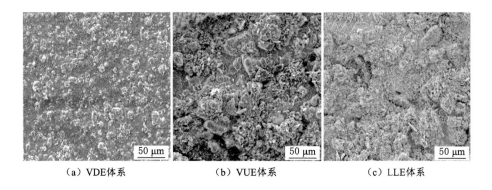

（a）VDE体系　　　　　　（b）VUE体系　　　　　　（c）LLE体系

图 3-23　不同电极体系下电镀获得的镀层表面形貌

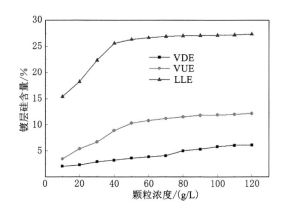

图 3-24　Fe-50％Si 颗粒在三种不同电极体系下随颗粒浓度变化镀层硅含量变化趋势图

（镀液流速为 5 L/min，电流密度为 2 A/dm²）

　　图 3-25 表示 Fe-50％Si 颗粒在不同电流密度下获得的镀层硅含量分布情况。随着电流密度的增加，采用竖直电极电镀时，镀层硅含量随着电流密度的增加出现先增加后降低的趋势，当电流密度在 2.5 A/dm² 时，镀层硅含量达到最大值，进一步增加电流密度，镀层硅含量显著降低。当采用水平电极电镀时，随着电流密度的增加，镀层硅含量呈现线性下降的趋势，镀层硅含量从 0.5 A/dm² 时的 32.36％下降到 4.5 A/dm² 的 12.37％。

　　采用竖直电极电镀槽、溶液流速向下循环搅拌电镀时，由于重力作用以及溶液对颗粒向下的拖拽力作用，Fe-Si 颗粒难以被 Fe²⁺ 还原后的铁原子所捕获，所以获得的镀层硅含量均比较低。当采用竖直电极、溶液流速向上循环搅拌电镀时，镀液颗粒受到向下的重力作用，同时还受到溶液对颗粒向上拖拽力的作用。当溶液的拖拽力显著小于重力时，颗粒向下沉降，颗粒难以被放电铁原子捕获；当竖直向上的溶液拖拽力约等于重力时，颗粒比较均匀地分散在溶液中，此时颗粒与电极间相对速度较小，颗粒容易被放电铁原子捕获；当向上拖拽力大于重力时，颗粒与电极具有相对移动速度，随着镀液流速的增加，溶液的拖拽力增加，颗粒将会更难以被放电铁原子捕获。因此，随着向上溶液流动速度的增加，镀层中硅含量出现先增高后降低的趋势。

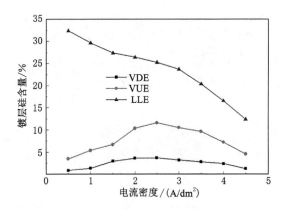

图 3-25　不同电极体系下 Fe-50％Si 颗粒在三种不同电流密度下获得的镀层硅含量
（镀液流速:5 L/min,颗粒浓度:50 g/L）

采用水平电极电镀时,溶液中的颗粒受到水平方向的拖拽力,当溶液流速较慢时,电镀槽中的颗粒由于重力的作用沉降在电极周围或挡板处,导致悬浮在电镀液中的颗粒较少;增加电镀液流动速度,溶液中颗粒浓度增加,镀层硅含量显著增加。当流速超过 5 L/min 后,镀层中的硅含量呈现下降的趋势。这是由于溶液的流动对阴极表面具有一定的冲刷作用,导致阴极表面的颗粒容易被带走,因而难以被放电铁原子所捕获,因此,随着溶液的流动速度的进一步增加,镀层中硅含量显著降低。同时,由于微米级铁-硅颗粒容易团聚,沉降到阴极表面,造成镀层表面形貌比较粗糙。

采用竖直电极电镀时,随着电流密度的增加,Fe^{2+} 放电还原速度加快,有利于阴极附近的颗粒被铁原子捕获,镀层硅含量显著增加。但是,随着电流密度的增加,阴极表面析氢反应速度加快,析氢反应可以表示如下:

$$H^+ + e \longrightarrow H_{ad} \tag{3-5}$$

$$H_{ad} + H_{ad} \longrightarrow H_2 \tag{3-6}$$

氢气的析出对电极表面附近溶液具有向上的扰动作用,不利于阴极对阴极表面 Fe-Si 颗粒的捕获。所以当电流密度超过 2.5 A/dm^2 后,镀层中颗粒含量显著下降。而对于水平电极电镀,由于大量的颗粒在重力的作用下沉降在阴极表面,此时,在镀液流速一定的情况下,阴极的析氢反应对电镀液向上的扰动对颗粒进入镀层的影响比采用竖直电极时更大,所以随着电流密度的增加,镀层硅含量显著下降。

同时,上述研究结果表明,当镀液流动速度和电流密度一定时,增加溶液颗粒浓度,获得的镀层中硅含量显著增加,但是,当颗粒浓度大于 50 g/L 后,采用水平电极电镀获得的镀层硅含量增加并不显著。由 N. Guglielmi[80]复合电沉积两步吸附理论可知,颗粒进入镀层前包含弱吸附和强吸附两个连续过程。首先,携带着离子与溶剂分子膜的 Fe-Si 微粒在电镀液对流作用下被带到阴极表面附近并吸附在阴极表面,这种松散式的吸附在电极表面的过程是可逆的,即吸附与脱离两个过程是可逆的物理吸附,即弱吸附过程。然后,吸附了各种离子的微粒在电场力的作用下向阴极继续移动,脱去它所吸附的离子和溶剂化膜,并与阴极直接接触形成不可逆的电化学吸附。由于界面电场的影响微粒被固定在阴极表面,之后被放电还原金属铁原子所捕获然后被吞没,嵌合在镀层中。

对于弱吸附转变为强吸附的过程来说,弱吸附的颗粒相当于强吸附的反应物,所以强吸附量(θ)应该与弱吸附在阴极表面的覆盖度 σ 成正比,可以表示为:

$$\sigma = \frac{kc_v}{1 - kc_v} \tag{3-7}$$

式中 k 为与吸附有关的常数,c_v 表示镀液中颗粒的体积分数。θ 一般较小,因而阴极与溶液界面处的电场对颗粒的吸附力很小。弱吸附转变为强吸附需要越过一个能垒,可认为这个能垒与电极和溶液界面的电场有关。当颗粒浓度较大时,阴极表面覆盖度 σ 已比较大,此时可能由弱吸附转变为强吸附由能垒所决定,颗粒浓度对强吸附过程影响并不显著。同时,由于 Fe-Si 颗粒的导电性比较强,如 Fe-30%Si 颗粒的电导率约为 2.63×10^5 S/m,此时颗粒的导电性对 Fe-Si 颗粒共沉积过程具有显著的影响,导致 Fe-Si 颗粒吸附过程偏离 Guglielmi 吸附理论。因此,当镀液颗粒浓度超过 50 g/L 后,随着镀液中颗粒浓度的增加,采用水平电极获得的镀层硅含量并未显著增加。

3.2.2　循环电镀液双脉冲对镀层形貌及硅含量的影响

超声波具有分散镀液和改善电镀过程中溶液的传质作用[85-86]。此外,采用脉冲电沉积也可以改善镀液传质的作用,从而改善镀层形貌[87]。本节研究超声波下双脉冲电镀对镀层形貌及硅含量的影响。

采用 0.5 mm 厚的硅质量分数为 2% 的低硅钢薄带做阳极和阴极,两极间距离为 25 mm,阳极与阴极的面积比为 3∶2,阴极面积为 4 cm²。由于镀液中微米 Fe-Si 颗粒受到较大重力作用,在电镀过程中采用循环电镀液方式尽可能使 Fe-Si 颗粒均匀悬浮在溶液中。同时,为了避免搅拌过程对镀层造成较强的冲刷作用,在电极前方 20 mm 处水平方向设置了网格挡板,其中,网格挡板的孔径为 2 mm,孔洞间距为 6 mm。电镀槽镀液导流管内径为 10 mm,电镀液流动速度为 5 L/min,实验装置如图 3-26 所示。每次实验前,用 0.9 mol/L 稀 H_2SO_4 溶液调节电镀液 pH 至 1.5,控制镀液的温度在 25～28 ℃(超声波电镀过程中镀液温度略有上升)。然后,加入 Fe-Si 颗粒,镀液循环搅拌 5 min,同时施加超声波对镀液进行分散(超声波功率为 480 W)。在脉冲电流电镀过程中,采用的电镀电流为双脉冲电流,平均电流密度为 0.5～4.5 A/dm²,每个周期中正负脉冲工作时间比($t^+ : t^-$)为 3∶1,脉冲频率为 50～500 Hz,电镀时间为 120 min。

图 3-27 表示循环镀液在有无超声场双脉冲电流下电镀获得的镀层形貌图。在无超声场下直流电镀和采用双脉冲电流电镀时获得的镀层形貌均显得比较粗糙,但采用上脉冲电流电镀获得的镀层形貌明显要好于直流电镀获得的镀层形貌。施加超声场后,即使采用直流电镀,镀层形貌也显得比较平整。当超声场下进行双脉冲电流电镀时,随着双脉冲电流频率的增高,镀层平整性显著提高,但是镀层表面颗粒数也在显著减少。

在复合电沉积过程中,施加超声波后,由于超声波高频振荡效应,对分散在镀液中部分团聚的 Fe-Si 颗粒起到分散作用,所以获得的镀层表面形貌相对比较平整。同时,超声波空化效应使得吸附在作为阴极的硅钢薄带上的 Fe-Si 颗粒和气体分子脱离镀层表面,从而使得在阴极弱吸附和强吸附的 Fe-Si 颗粒含量显著降低。超声波的空化作用甚至可以将部分半吞没的 Fe-Si 颗粒重新带回电镀液中,不利于颗粒的共沉积行为,造成镀层硅含量显著降低。图 3-28 表示在有无超声波作用下在不同镀液颗粒浓度下获得的镀层含量分布图,由图

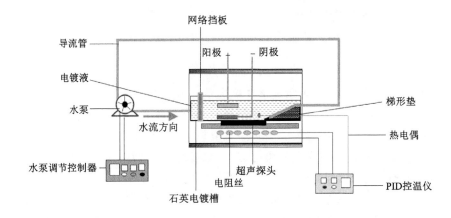

图 3-26 电镀装置示意图

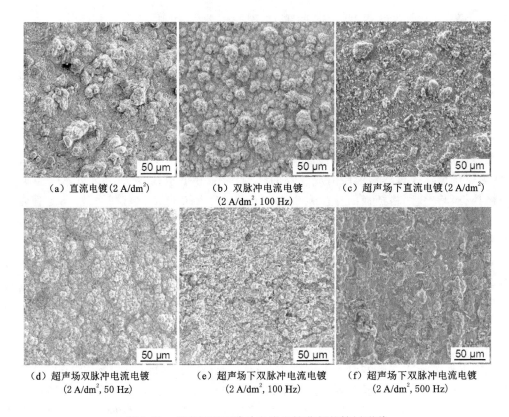

图 3-27 超声场下双脉冲电流电镀获得的镀层形貌

可知,随着镀液颗粒浓度的增加,不论是否施加超声场,镀层硅含量均显著增加,但是,施加超声场后获得的镀层硅含量显著低于没有施加超声场获得的镀层硅含量。在双脉冲电流下电镀时,由于在负脉冲工作时间段中新形成的金属层发生阳极溶解反应,$Fe \rightarrow Fe^{2+} + 2e$,金属层中包覆的 Fe-Si 颗粒又有机会重新回到电镀液中,所以采用双脉冲电镀时获得的镀层硅含量显著小于直流电镀时镀层硅含量。当镀液颗粒浓度为 50 g/L 时,镀层中颗粒含量一直从无超声场直流电镀的 26.78% 下降到有超声场双脉冲电镀时的 9.67%。

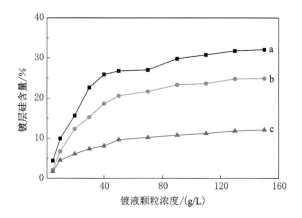

a—无超声场,直流电镀;b—施加超声场,直流电镀;c—施加超声场,双脉冲电流电镀,频率为 100 Hz。

图 3-28　不同镀液颗粒浓度对镀层硅含量的影响

同时,随着双脉冲电流频率的增加,镀层硅含量也显著降低,如图 3-29 所示,与镀层表面形貌结果一致[图 3-27(d)～(f)]。这可能是由于双脉冲电流频率增加后,正脉冲工作周期缩短了,阴极附近电镀液的对流作用对阴极放电生成的铁原子产生的牵引作用时间变短。同时由于负脉冲工作的作用,可以有效地补充电极表面区域被消耗的 Fe^{2+} 离子浓度,降低浓差极化,减少氢气的析出,有助于改善镀层表面状况,从而得到较为平整的镀层形貌。

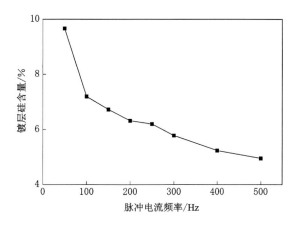

图 3-29　双脉冲电流频率对镀层硅含量的影响

同时,电镀过程中还存在析氢副反应,在超声波空化作用下,可以促进生成的氢气脱离阴极表面,增加阴极附近的对流传质作用。双脉冲电流电镀时,可以利用电流脉冲的张弛来降低阴极的浓差极化,也增加了传质作用,促进了 Fe^{2+} 的放电还原反应,增加了电流效率(参见图 3-30)。此外,增加电流密度,发现无论是直流电镀还是双脉冲电流电镀,获得的镀层硅含量均随着电流密度的增加呈先增加后降低的趋势,这是由于随着电流密度的提高,Fe^{2+} 放电还原反应速度加快,当 Fe-Si 颗粒接触阴极表面时,有利于还原后的铁原子对 Fe-Si 颗粒包覆并捕获。但是,随着电流密度的增加,析氢副反应加重,增加了对阴极附近镀液的扰动作用,较大的扰动作用不利于 Fe-Si 颗粒进入镀层。在直流电流和双脉冲平均电流密度约为 2.5 A/dm² 时,镀层硅含量达到最大值,进一步增加电流密度,镀层硅含量显著降低。在超声场下双脉冲电流密度为 4.5 A/dm² 时,镀层硅含量仅为 2.35%(参见图 3-31)。

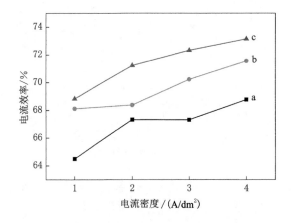

a—无超声场,直流电镀;b—施加超声场,直流电镀;c—施加超声场,双脉冲电流电镀,频率为 100 Hz。

图 3-30 不同电流密度下电流效率

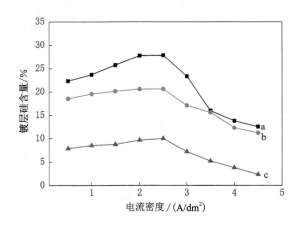

a—无超声场,直流电镀;b—施加超声场,直流电镀;c—施加超声场,双脉冲电流电镀,频率为 100 Hz。

图 3-31 不同电流密度对镀层硅含量的影响

3.3 本章小结

本章采用机械搅拌、循环电镀液搅拌、超声振荡方式进行复合电沉积制备 Fe-Si 镀层,考察了搅拌速度、电镀液流速、电流密度、电流波形等参数对 Fe-Si 镀层形貌及硅含量的影响规律,得到如下结论:

(1)采用竖直电极电镀时,对 Fe-Si 颗粒及纯 Si 颗粒的理想搅拌速度均为 60 r/min。Fe-Si 颗粒及纯 Si 颗粒获得的镀层硅含量随着电流密度的增加出现先增加后降低的趋势,在 2 A/dm² 时达到最大值。同时,颗粒的电导率是影响镀层硅含量最重要的因素。随着颗粒中硅含量的升高,电导率显著下降导致镀层硅含量降低。采用 50 g/L 颗粒浓度 Fe-30%

Si、Fe-50％Si、Fe-70％Si 和纯 Si 颗粒获得的镀硅层含量分别达到 7.34％、6.28％、4.79％ 和 2.53％。采用水平电极电镀时,颗粒自身硅含量是影响镀层硅含量最重要的因素。采用 Fe-30％Si、Fe-50％Si、Fe-70％Si 和纯 Si 颗粒镀层含量可分别达到 12.65％、21.33％、35.22％ 和 37.94％。

(2) 采用循环电镀液向下搅拌方式进行竖直电极电镀时,镀层中硅含量最高可达 4.67％。当镀液向上循环搅拌时,镀层中硅含量随着镀液流速的增加呈先增加后降低的趋势,镀层硅含量可达 10.23％。采用水平电极电镀时,随着镀液流速的增加,镀层中硅含量呈现先增加后降低的趋势,但均显著高于竖直电极电镀时获得的镀层硅含量,采用 Fe-50％ Si 颗粒获得的镀层硅含量可达 28.47％。此外,随着电流密度的增高,采用竖直电极电镀获得的镀层硅含量随着电流密度的增加而增加,当电流密度为 2.5 A/dm² 时达到最大值,继续增加电流密度,镀层硅含量降低。采用水平电极电镀时,获得的镀层硅含量随着电流密度的增加而显著降低,镀层硅含量从 0.5 A/dm² 时的 32.36％ 下降到 4.5 A/dm² 的 12.37％。

(3) 采用循环镀液并施加超声场分散镀液,双脉冲电流电镀制备 Fe-Si 镀层工艺时,与无超声场条件下电镀相比,获得的镀层形貌变得更加平整,但镀层硅含量呈现显著降低的趋势。同时,随着电流脉冲频率的增加,镀层表面形貌变得更加平整,但同时镀层硅含量也显著降低。此外,随着电流密度的增加,镀层硅含量呈现先增加后降低的趋势,在约 2.5 A/dm² 时,镀层硅含量较大。当镀液颗粒浓度为 50 g/L、平均电流密度为 2 A/dm²、脉冲频率为 100 Hz 时,镀层中硅含量从无超声场直流电镀的 26.78％ 下降到施加超声场采用双脉冲电流电镀时的 9.67％。

(4) 高电导率有助于颗粒共沉积,Fe-30％Si 颗粒浓度为 50 g/L 时,镀层中可获得约 9.76％ 的硅含量,而纯 Si 颗粒下所获得镀层的硅含量仅为 4.48％。导电 Fe-Si 颗粒以“包覆型”的方式共沉积到复合镀层中,而非导电 Fe-Si 颗粒则以“包嵌型”的方式共沉积。当电流密度小于 2 A/dm² 时,硅粒子共沉积过程基本上遵循 Guglielmi 模型,随着粒子电导率的增加,粒子共沉积过程偏离了 Guglielmi 模型。

第 4 章 水平磁场下制备 Fe-Si 镀层

上一章讨论了 Fe-30%Si、Fe-50%Si、Fe-70%Si 和纯 Si 颗粒在机械搅拌下的复合电沉积实验。通过对实验结果的分析,发现采用竖直电极时,颗粒的导电性是影响镀层颗粒(硅含量)的主要因素。然而,即使在高颗粒浓度、最佳搅拌速度和电流密度的条件下,采用竖直电极电镀获得的硅含量均难以超过 10%。磁场能显著影响电沉积过程,会引起电镀液性质、离子迁移行为和镀层表面状态发生一定的变化,特别是磁场与电场的交互作用产生的 MHD 效应,对电沉积过程离子的传输具有显著的促进作用。目前为止,有关磁场对复合电沉积的影响,特别是对微米级或磁性(或可磁化)粒子复合电镀的影响研究较少。因此,有必要研究磁场对镀层形貌、结构和成分的影响机制。本章主要研究水平磁场条件下不同参数(磁场强度、磁场方向、电流密度等)对可磁化的微米级 Fe-Si 颗粒以及呈弱抗磁性的纯 Si 颗粒复合电沉积后获得的镀层形貌、结构、成分和性能的影响。

4.1 磁场方向、电极排布对镀层形貌及硅含量的影响

4.1.1 平行磁场竖直电极电沉积制备 Fe-Si 镀层

图 4-1 表示在 0～1 T 平行磁场强度下采用不同类型 Fe-Si 颗粒获得的镀层表面形貌,电镀时采用的电流密度为 2 A/dm²,镀液颗粒浓度为 10 g/L。由图可知,与无磁场下电镀获得的镀层相比,施加磁场后,镀层在微观尺度上变得较为粗糙。当施加的磁场强度较低时,Fe-Si 颗粒镀层出现大量宏观角度上可观测到的"针状"突出物,在 0.1 T 磁场强度下最为显著,并且随着颗粒自身硅含量的升高,"针状"突出物的长度明显变短,采用 Fe-30%Si 颗粒获得的镀层表面"针状"突出物可达到 4 mm,而采用 Fe-70%Si 颗粒仅有 1 mm。继续增大磁场强度,产生"针状"突出物的趋势逐渐变弱。当磁感应强度为 0.5 T 时,"针状"突出物从宏观角度上观测基本上消失,并逐渐演变为微观"圆丘状"突出物,但是随着 Fe-Si 颗粒自身硅含量的增加,镀层"圆丘状"突出物粒径逐渐减小,Fe-70%Si 颗粒较为均匀地分散在镀层表面上。当采用纯 Si 颗粒电镀时,镀层表面未出现"针状"突出物,但是随着磁感应强度的增加,镀层表面也出现大量"豆状"突出物(图 4-2)。

经元素面分布检测,采用 Fe-Si 颗粒获得的镀层上突出物主要是 Fe-Si 颗粒的聚集物,而采用纯 Si 颗粒获得的镀层表面"豆状"突出物主要成分是铁元素,硅含量较少,说明镀层表面获得的"豆状"突出物不是 Si 颗粒的聚集物(图 4-3)。

图 4-4 表示无磁场和 1 T 磁场下采用不同类型颗粒获得的镀层横截面图。由图可知,采用 Fe-Si 颗粒获得的镀层横截面出现"山脊"状突出物,并且镀层横截面的颗粒分布密度显著高于无磁场下获得的镀层颗粒分布密度,与获得的镀层表面形貌图一致。对于 Fe-Si

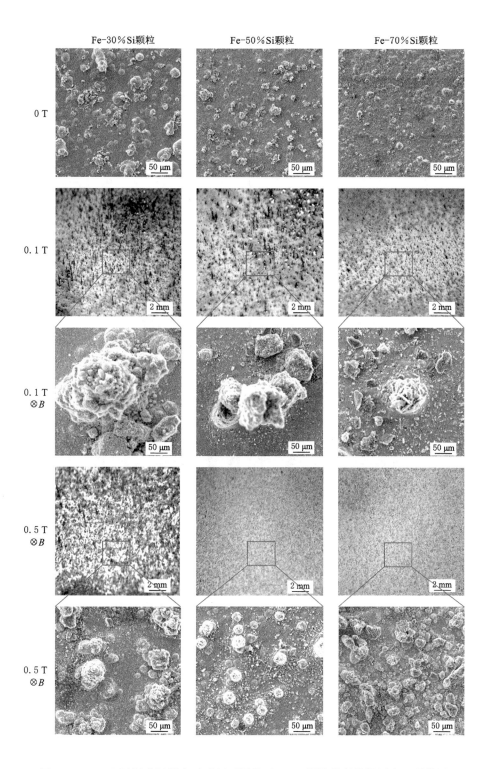

图 4-1 0~1 T 平行磁场强度下采用不同类型 Fe-Si 颗粒获得的镀层表面形貌图

图 4-1（续）

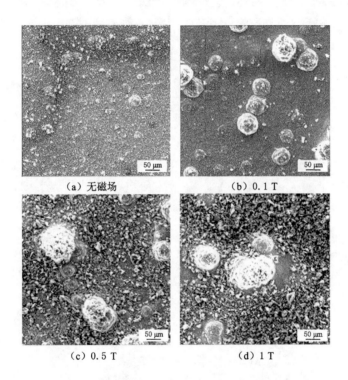

（a）无磁场 （b）0.1 T

（c）0.5 T （d）1 T

图 4-2 纯 Si 颗粒在有无磁场下获得的镀层表面形貌

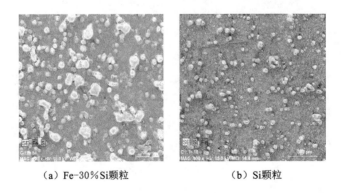

（a）Fe-30％Si 颗粒 （b）Si 颗粒

图 4-3 1 T 磁场下采用 Fe-30％Si 颗粒和纯 Si 颗粒获得的镀层表面元素面分布图

颗粒来说,颗粒具有分布在横截面"山脊"状突出物中部区域的趋势,尤其是 Fe-30%Si 颗粒,更倾向于向突出物中间聚集,而在"山脊"突出物之间的"沟壑"区域颗粒分布比较少,如图 4-4(b)所示。

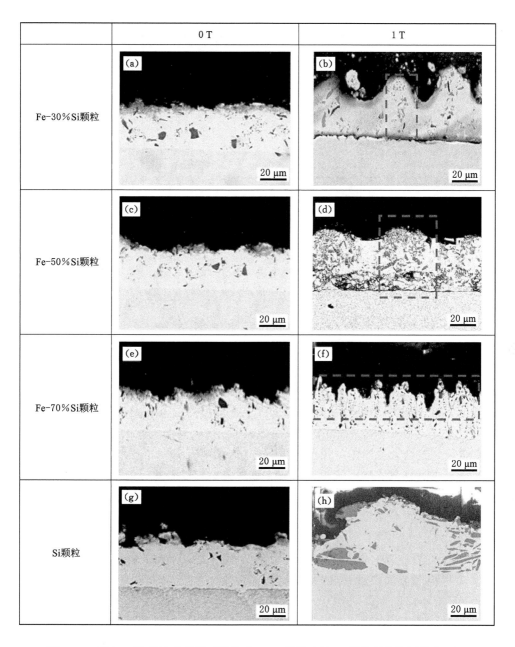

图 4-4　0 T 和 1 T 磁场下采用不同类型 Fe-Si 颗粒和纯 Si 颗粒所得镀层横截面图

图 4-5 表示在不同磁感应强度下镀层硅含量分布图。随着磁场强度的增加,采用四种不同类型的颗粒获得的镀层硅含量均出现先增加后降低的趋势。当磁感应强度为 1 T 时,采用硅含量较高的 Fe-50%Si、Fe-70%Si 和纯 Si 颗粒获得的镀层硅含量达到最大值,进一步增加磁场强度,镀层硅含量具有降低的趋势。同时,随着颗粒自身硅含量的增高,获得的

镀层硅含量越高,纯 Si 颗粒镀层硅含量在 1 T 平行磁场下可达 39.80%。但是,采用 Fe-30%Si 颗粒获得的镀层硅含量在 0.1 T 时就达到最高值,进一步增加磁场强度,镀层硅含量并未显著增高,而是呈现平缓下降趋势,但基本维持在 5.0%~6.5% 之间。

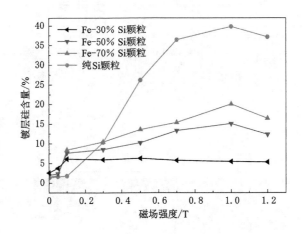

图 4-5　0~1.2 T 平行磁场竖直电极电镀时采用不同类型 Fe-Si 颗粒
及纯 Si 颗粒获得的镀层硅含量趋势图

上述实验结果表明采用竖直电极平行磁场下电镀时,磁场对 Fe-Si 颗粒和纯 Si 颗粒的复合电镀过程有显著影响。根据法拉第定律,当施加平行磁场时,理论上磁感应强度(B)和电流(I)之间没有相互作用,也就是说,没有洛伦兹力(F_1)的产生。近年来,一些研究人员[88-90]提出,在电镀过程中,电极表面的形核和生长并非是一个理想的平面,而是出现微观不平整面。同时,阴极表层的共沉积颗粒也会干扰电流的分布。此时,电流会发生扭曲,沿磁场垂直方向产生一个分量(I_r),与磁场交互作用,产生微观尺度上磁流体动力学效应(微观 MHD 效应),这会对颗粒的共沉积行为有显著的影响。图 4-6 显示了磁场中电镀时阴极表面附近微观 MHD 效应的形成机理。图 4-6(a)表示阴极表面"豆状"突出物前端电流分布状态。由于"豆状"突出物伸向电解液,电镀电流将集中到"豆状"突出物前端,即电流线发生扭曲,与磁场作用,产生洛伦兹力,其可表示如下:

$$F = B \times I \tag{4-1}$$

在突出物前端溶液中将产生一个环形的洛伦兹力 F_1,结果会在导电性 Fe-Si 颗粒及相应的突出物前端形成顺时针旋转的微涡流[图 4-6(b)],增强了阴极表面附近的电镀液的传质行为。而对于导电性很差的纯 Si 颗粒,在阴极表面发生共沉积后,假设阴极表面突出部分为半球形,其前端的电流分布如图 4-6(c)所示,电镀电流会绕过 Si 颗粒到达阴极导电金属表面,不可避免地导致电流线在 Si 颗粒周围区域发生扭曲,相应地在导电性差的 Si 颗粒前端电镀液中也会产生一个环形洛伦兹力 F_2,在 Si 颗粒的前端形成逆时针方向的微涡流[图 4-6(d)]。因此,在竖直电极平行磁场下复合电沉积过程中,阴极表面会形成许多顺时针(Fe-Si 颗粒)或逆时针(Si 颗粒)的镀液微涡流[图 4-6(e)]。这种微观尺度下的涡流效应将显著增强阴极表面的镀液传质过程,促进粒子的复合共沉积行为,随着磁场强度的增加,这种微观 MHD 效应也会进一步增强,涂层中的颗粒含量也随之增

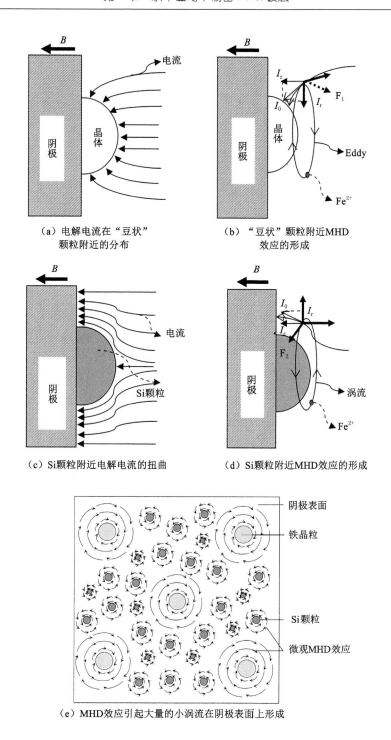

（a）电解电流在"豆状"
颗粒附近的分布

（b）"豆状"颗粒附近 MHD
效应的形成

（c）Si 颗粒附近电解电流的扭曲

（d）Si 颗粒附近 MHD 效应的形成

（e）MHD 效应引起大量的小涡流在阴极表面上形成

图 4-6　竖直电极平行磁场下阴极表面附近微观 MHD 效应的形成机理

加。当磁感应强度达到 1 T 时,采用纯 Si 颗粒获得的镀层硅含量达到 39.80%,远高于无磁场时的 1.23%。继续增大磁场强度,镀层硅含量出现了下降趋势,这可能是由于阴极表面较强的微观 MHD 效应,对阴极表面有一定的冲刷作用,在一定程度上阻碍了 Si 粒子的共沉积行为。

在电沉积过程中,如果施加的磁场不均匀或在均匀磁场中插入了可磁化电极材料,则在电极附近会产生一个磁场梯度(∇B),如图 4-7 所示,该磁场将产生一个梯度磁场力(F_b)[91-92],可以表示为:

$$F_b = \chi_m \frac{B \nabla B}{\mu_0} C \tag{4-2}$$

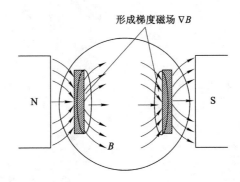

图 4-7　均匀磁场中加入可磁化电极后磁化电极表面产生梯度磁场

式中,μ_0 为真空磁导率,$4I_r \times 10^{-7}$ N/A^2;χ_m 为施加颗粒的磁化率;B 为磁感应强度;V 为颗粒的体积。电沉积过程中,在稳定磁场区域磁场分布相对比较均匀,即磁场梯度相对较小。然而,由于所用的电极材料是低硅钢片和铁磁性较强的纯铁片,当电极组件置于稳定磁场区域时,磁场分布会变得不均匀,磁场在铁电极处发生扭曲,从而产生较高磁场密度,并形成高磁场梯度。随着电镀的进行,Fe^{2+} 在阴极上被放电还原,并与磁性 Fe-Si 颗粒发生共沉积,进一步增加了阴极附近磁场分布的不均匀性,在梯度磁场力的作用下,磁性颗粒具有向铁电极迁移的趋势。对于阴极,Fe-Si 粒子的聚集有利于粒子进入复合层,从而增加了镀层颗粒(硅)含量。

图 4-8 为 Fe-Si 颗粒和纯 Si 颗粒的磁滞回线图,可以看出,Fe-Si 颗粒显铁磁性,而纯 Si 颗粒呈弱抗磁性,且随着硅含量的增加,Fe-Si 颗粒的磁化强度显著降低,Fe-30％Si 颗粒的铁磁性明显高于其他类型的 Fe-Si 颗粒。因此,在磁场下电镀时,悬浮在电解液中的 Fe-Si 粒子具有向电极表面梯度磁场区移动的趋势,且在磁场梯度力的作用下,Fe-Si 粒子具有沿磁场方向排列的趋势。因此,在低强度平行磁场中电镀时,阴极表面会出现与阴极表面垂直生长的"针状"突出物。

然而,由于 Fe-30％Si 颗粒的高磁化率,根据式(4-2),阴极对 Fe-30％Si 颗粒的吸引力(梯度磁场力)明显高于 Fe-50％Si 颗粒和 Fe-70％Si 颗粒。因此,在 0.1 T 平行磁场下,由 Fe-30％Si 颗粒所得镀层表面"针状"突出物的长度和数量明显高于 Fe-50％Si 颗粒和 Fe-70％Si 颗粒,镀层表面"针状"突出物的长度可达 4 mm,而由 Fe-70％Si 颗粒所得镀层上"针状"突出物最多只有 1 mm 长度。然而,对于纯 Si 颗粒,并没有出现"针状"突出物,但出现异常长大的"豆状"铁质晶粒。

同时,由于 Fe-30％Si 颗粒的高磁化率,磁化状态的阳极对 Fe-30％Si 颗粒也有较强的吸引力,大量 Fe-30％Si 颗粒被吸附在阳极表面,电镀液中颗粒浓度显著降低。从宏观上观

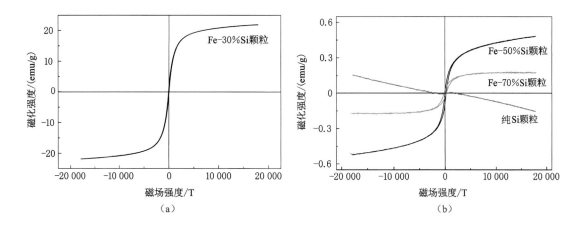

图 4-8　Fe-Si 颗粒和纯 Si 颗粒的磁滞回线

察 Fe-30％Si 颗粒在电沉积过程中被吸附在电极边沿(图 4-9),导致能够共沉积在阴极正表面上的颗粒数减少了。因此,当磁感应强度超过 0.1 T 时,Fe-Si 镀层中的硅含量有下降的趋势。与 Fe-30％Si 颗粒相比,Fe-50％Si 和 Fe-70％Si 颗粒的磁化率要小得多,因此受到阳极上的梯度磁场力也显著降低,镀液中颗粒的损耗也将显著降低,而它们在阴极上的迁移有利于粒子进入复合镀层。因此,在 0~1 T 平行磁场下,采用 Fe-50％Si 和 Fe-70％Si 颗粒制备获得的镀层硅含量随着磁场强度的增大而显著增加。

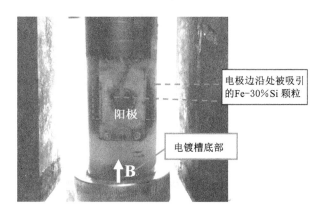

图 4-9　1 T 垂直磁场下电镀实物图

　　然而,随着磁场强度的进一步增大,由 Fe-Si 颗粒所得镀层上的"针状"突出物尺寸逐渐变小,当磁感应强度为 0.5 T 时,"针状"突出物基本消失,当磁感应强度达到 1 T 时,宏观"针状"突出物逐渐演变为微观"圆丘状"突出物。理论上,在 1 T 磁感应强度下,阴极表面的梯度磁场应比 0.1 T 的大,产生的梯度磁场力也应显著要大于 0.1 T 的,因此这些突出物应更加明显。

　　到目前为止,虽然还没有统一的理论来阐述磁场对电沉积过程的影响机理,大多数研究人员普遍认为磁场对电镀液传质行为的影响主要是由于洛伦兹力的作用,在较高磁场下其强度甚至可以与机械搅拌强度相比拟。根据安培定律,当磁场和电流方向垂直时,洛伦兹力将达到最大值。但当磁场方向与电流方向平行时,理论上不会产生洛伦兹力。然而,由于电极表面本身并非是理想平整态,特别是当 Fe-Si 颗粒形成"针状"突出物时,电流会在针状突起的表面局部扭曲,这与纯 Si 颗粒镀层表面形成"豆状"突出物过程相似(图 4-10)。电流将产生一个平行于磁场方向的分量(I_z)和一个垂直于磁场方向的分量(I_r)。结果将在"针状"突出物的前端产生一个顺时针方向的镀液"涡流"[图 4-10(b)、(c)],并且这种"涡流"强度将随着磁感应强度的增加而增强。同时,对于 Fe-30%Si 镀层表面的突出物,产生的电流扭曲不仅会产生 MHD 效应,而且突出物前端还具有较大的磁场强度,进一步增强 MHD 效应。因此,在电镀过程中,Fe-30%Si 镀层表面"针状"突出物前端的 MHD 效应更加显著,将会对电极表面产生强烈的冲刷作用。在梯度磁场力和 MHD 效应的协同作用下,这种冲刷效应将阻碍针状突起的生长,甚至折断已形成的"针状"突出物。同时,在"针状"突出物前端由于MHD 效应形成的"涡流"中间,电镀液的流动趋势相对较弱,因此颗粒将更倾向于向涡流的中间聚集。从镀层横截面上也可以看出,Fe-Si 颗粒集中在突出物的中部区域,尤其是 Fe-30%Si 颗粒镀层,颗粒沿镀层突出物中部呈线性分布[图 4-10(b)]。对于 Fe-50%Si 和 Fe-70%Si 颗粒,虽然其受到的梯度磁场力也随磁场强度的增大而增大,但磁化率显著低于 Fe-30%Si 颗粒,导致"圆丘状"突出物的尺寸的显著减小。当采用 Fe-70%Si 颗粒电镀时,"圆丘状"突起基本消失,颗粒较为均匀地分布在镀层表面。

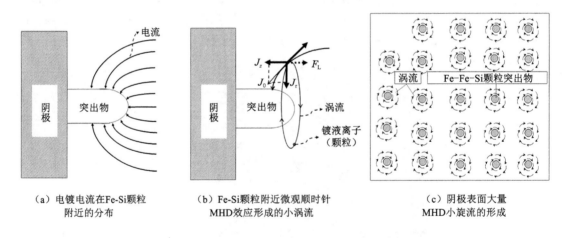

（a）电镀电流在Fe-Si颗粒
附近的分布

（b）Fe-Si颗粒附近微观顺时针
MHD效应形成的小涡流

（c）阴极表面大量
MHD小旋流的形成

图 4-10 电镀电流在 Fe-Si 颗粒附近的分布

为了明确 Fe-30%Si 颗粒镀层的"圆丘状"形貌和硅颗粒镀层"豆状"粒的形成过程,本书研究了电镀时间分别为 1 min、5 min、30 min 和 60 min 磁场下获得的 Fe-30%Si 颗粒镀层表面形貌(图 4-11),其中电流密度为 2 A/dm²,电镀液的颗粒浓度为 10 g/L。电镀开始时,颗粒在镀层上的分布较为均匀。当时间为 30 min 时,Fe-30%Si 颗粒明显具有团聚的趋势,而纯 Si 颗粒镀层表面出现铁颗粒的异常生长。当时间为 60 min 时,Fe-30%Si 颗粒和纯 Si 颗粒镀层的"圆丘状"和"豆状"形貌变得非常明显,与电镀时间为 120 min 时获得的镀层表面形貌非常相似。

此外,也可以从镀层表面"圆丘状"突出物形成过程进行分析,如图 4-12 和图 4-13 所示。在电镀初期,Fe-Si 颗粒在溶液对流和梯度磁场力的作用下均匀分布在阴极表面,但也

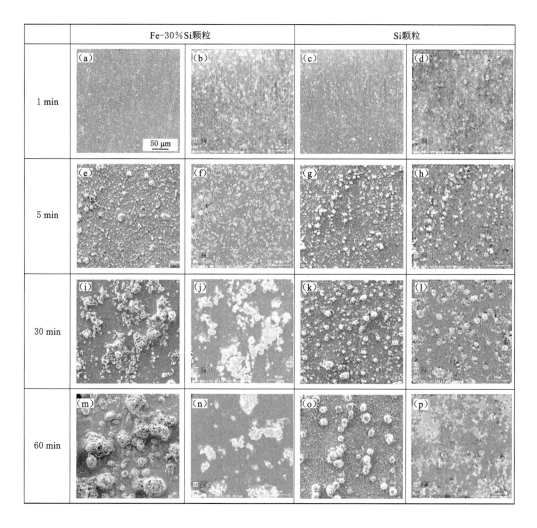

图 4-11 采用 Fe-30％Si 颗粒及纯 Si 颗粒所得镀层表面形貌随时间变化图

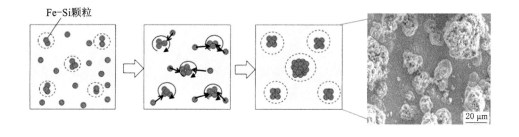

图 4-12 平行磁场下 Fe-Si 颗粒"圆丘"状物形成示意图和实物图

有少量较大颗粒或团聚颗粒,即"圆丘状"过渡态突出物。由于 Fe-Si 颗粒具有强的软磁性,在这些大颗粒或团聚颗粒附近形成了较强梯度磁场区。在 MHD 效应引起的溶液流动影响下,在梯度磁场力和 MHD 效应协同作用下,阴极表面和阴极附近溶液中的 Fe-Si 颗粒将会迁移到阴极"圆丘状"过渡态突出物表面,逐渐演变成"圆丘状"突出物。在镀层表面"圆丘状"突出物之间区域 Fe-Si 颗粒较少分布。图 4-14 为无磁场和 1 T 平行磁场和垂直磁场下获得的纯铁镀层的形貌。由图可知,无论是在平行磁场还是垂直磁场作用下,纯铁镀层表面并没有明显出现铁晶粒异常长大的现象,这表明"豆状"突出物只有在加入 Si 颗粒后才会出现(图 4-15)。因此,可以从 Si 颗粒的共沉积过程来分析"豆状"突出物的生长过程。根据 Guglielmi 复合电沉积的两步吸附理论,颗粒只有从弱吸附转变成强吸附后才能进入镀层。由于施加磁场后镀层 Si 含量很高,可以推测 Si 颗粒进入镀层前,弱吸附过程中吸附在阴极表面的 Si 颗粒的覆盖度应很高。

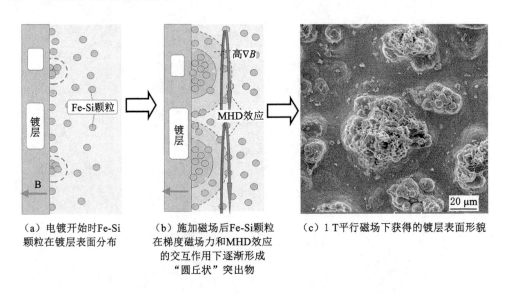

（a）电镀开始时Fe-Si
颗粒在镀层表面分布

（b）施加磁场后Fe-Si颗粒
在梯度磁场力和MHD效应
的交互作用下逐渐形成
"圆丘状"突出物

（c）1 T平行磁场下获得的镀层表面形貌

图 4-13 采用 Fe-30％Si 颗粒所得镀层"圆丘状"突出物形成示意图

由于纯 Si 颗粒的导电性非常差,电导率约为 2.52×10^{-4} S/m,远低于电镀液的电导率(约 4.3 S/m)。因此,从阴极表面微观尺度看,电流在 Si 颗粒周围分布将是严重不均匀的,导致阴极有效放电面积显著减小,未被 Si 颗粒覆盖的阴极金属表面区域电流密度将会急剧增加,Fe^{2+} 的放电还原过程将会显著加速,可能导致部分铁粒异常生长为"豆状"粒。图 4-16 显示了在不同电流密度下使用 Si 颗粒获得的镀层的表面形貌。很明显,在低电流密度下获得的镀层上的"豆状"突出物明显不如在高电流密度下获得的"豆状"突出物,其形成示意图如图 4-17 所示。对于导电性强的 Fe-Si 粒子,虽然电流分布也受到一定程度的影响,但由于其导电性较强,当 Fe-Si 粒子与阴极表面接触时,Fe^{2+} 会在阴极表面放电,这相当于增加了阴极表面的放电面积,因此抑制了铁基质"豆状"突出物的产生。但是,采用 Fe-Si 颗粒进行电镀时,将会产生 Fe-Si 颗粒为中心的突出物,其尖端延伸到电镀液中,由于电流的二次分布产生更高的电流密度,因此 Fe^{2+} 更容易围绕这些突出物为核心快速生长,有利于"针状"突出物的产生。

此外,在电沉积过程中,随着反应的进行,阴极附近 Fe^{2+} 被消耗,而电极附近的扩散对流比较弱时,则在电极前沿附近会存在浓度梯度(∇C),也会产生类似梯度磁场力的浓度梯度磁场力 F_p[93-95],可表示为:

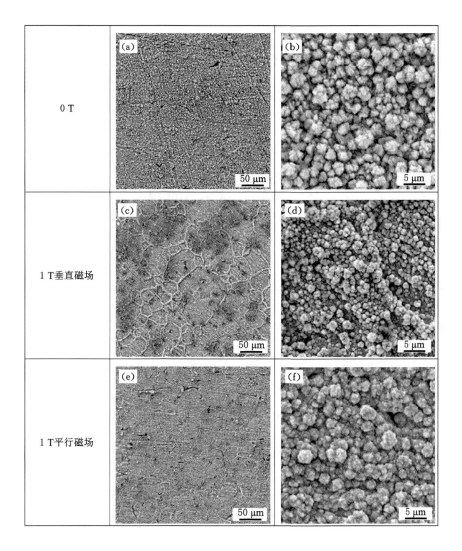

图 4-14　无磁场和 1 T 磁场下电流密度为 2 A/dm² 时获得的纯铁镀层形貌

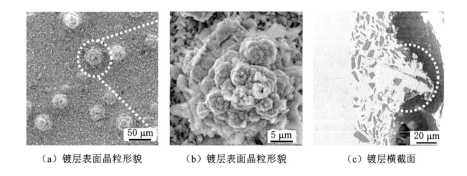

（a）镀层表面晶粒形貌　　　（b）镀层表面晶粒形貌　　　（c）镀层横截面

图 4-15　1 T 平行磁场下电流密度为 2 A/dm² 时采用纯 Si 颗粒获得的
镀层表面"豆状"晶粒形貌及横截面

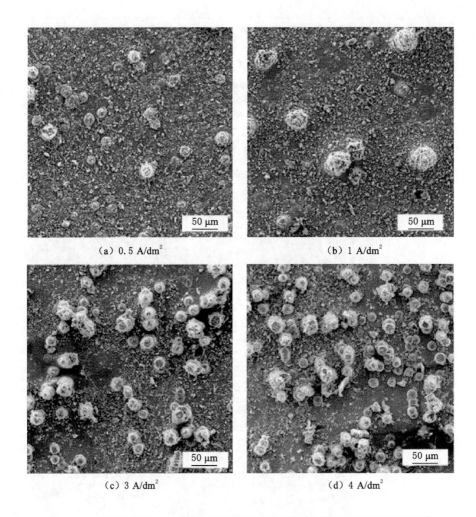

（a）0.5 A/dm²　　　　（b）1 A/dm²

（c）3 A/dm²　　　　（d）4 A/dm²

图 4-16　纯 Si 颗粒在 1 T 磁场下采用不同电流密度时获得的镀层表面形貌

（a）镀层表面存在一些颗粒"稀疏区"　　（b）铁晶粒在"稀疏区"快速长大　　（c）"豆状"晶粒横截面示意图

图 4-17　在平行磁场下"豆状"晶粒形成示意图

$$F_p = \frac{\chi_m B^2}{2\mu_0} \nabla C$$

式中，χ_m 为摩尔磁化率；μ_0 为真空磁导率；B 为磁场强度；∇C 为浓度梯度。

磁场下电沉积过程中，顺磁性离子 Fe^{2+} 将会在梯度磁场力作用下向磁场密度高的区域移动，而抗磁性离子（或粒子）则会被排斥远离磁场密度相对较高的区域，从而也会使电极附近的粒子浓度发生变化。顺磁性 Fe^{2+} 放电还原生成铁晶粒时可能具有沿着磁场方向长大的趋势。这可能是纯 Si 颗粒镀层表面出现"豆状"铁晶粒的一个重要原因。

4.1.2　垂直磁场竖直电极电沉积制备 Fe-Si 镀层

图 4-18 显示竖直电极在 0~1 T 垂直磁场中电镀得到的镀层表面形貌，其中颗粒浓度为 10 g/L，电流密度为 2 A/dm²。施加磁场后，与无磁场条件下获得的较光滑的表面形貌［图 4-1(a)~(c) 和 4-2(a)］相比，Fe-Si 镀层的表面变得粗糙。同时，在 1 T 磁场下，镀层的横截面及表面形貌的颗粒数量显著增加，从而使得镀层硅含量显著增加。然而，由 Fe-30%Si 颗粒获得的镀层硅含量先升高后降低，在 0.1 T 时达到最大值，随磁感应强度的增加，由 Fe-50%Si 和 Fe-70%Si 颗粒获得的镀层硅含量显著增加，而由纯 Si 颗粒获得的镀层硅含量增加比较缓慢（图 4-19）。

根据安培定律，当磁场和电场方向保持垂直时，产生的洛伦兹力将达到最大，形成宏观 MHD 学效应。近年来，一些研究人员[96-98] 提出，磁场和电流方向垂直时产生的宏观 MHD 效应可以有效地搅拌镀液，增加镀液的传质行为，降低甚至完全消除纳米或亚微米颗粒在镀液中的沉降行为，使颗粒均匀地悬浮在电镀槽中（图 4-20）。

随着磁感应强度的增加，MHD 效应变得更为显著，从而增强了镀液的传质作用，促进了 Si 颗粒的共沉积行为，从而使得镀层的硅含量增加。同时，MHD 效应也会增强涂层表面的冲刷作用，对 Si 颗粒的复合共沉积行为产生负面影响。因此，在竖直电极的垂直磁场作用下，镀层中的硅含量不高。另外，在电镀过程中阴极发生析氢反应，导致析氢应力。同时，阴极附近的浓差极化也会加剧阴极表面的析氢反应，在 Fe-Si 镀层表面产生大量的微裂纹（图 4-21）。然而，磁场产生的 MHD 传质效应增加了析出氢气的逸出速率，从而显著减轻了镀层表面的微裂纹趋势。

需要指出的是，对 Si 颗粒沉积行为的影响，采用竖直电极平行磁场产生的微观 MHD 效应要优于垂直磁场产生的宏观 MHD 效应，前者是在阴极表面局部区域形成的涡流，对促进颗粒的共沉积起到了很好的作用，垂直磁场产生的宏观 MHD 效应不仅强化了传质，而且对阴极表面有很强的冲刷作用。这可能是由 Si 颗粒垂直磁场得到的镀层硅含量远低于平行磁场得到的镀层硅含量的一个重要原因。然而，当垂直磁场作用于竖直电极时，磁场与电流相互作用所产生的强宏观 MHD 效应促进了镀液的传质，同时也促进了 Fe^{2+} 在阴极表面的放电成核过程，阻碍了铁晶粒的异常生长。这种宏观 MHD 效应对阴极表面的冲刷作用也更为强烈，从而使得 Si 颗粒在阴极表面停留时间更短，虽然不利于 Si 颗粒的共沉积行为，但阴极表面电流分布较为均匀，因此镀层表面没有出现"豆状"晶粒的异常生长。对于 Fe-30%Si 颗粒在垂直磁场下获得的镀层硅含量与平行磁场竖直电极获得的镀层硅含量随磁场强度的变化趋势相似，镀层硅含量在 0.1 T 磁场下达到最大值，随着磁场强度的增加，镀层硅含量呈现下降趋势，这也是由于 Fe-30%Si 颗粒的铁磁性较强，在磁场下被电极的梯

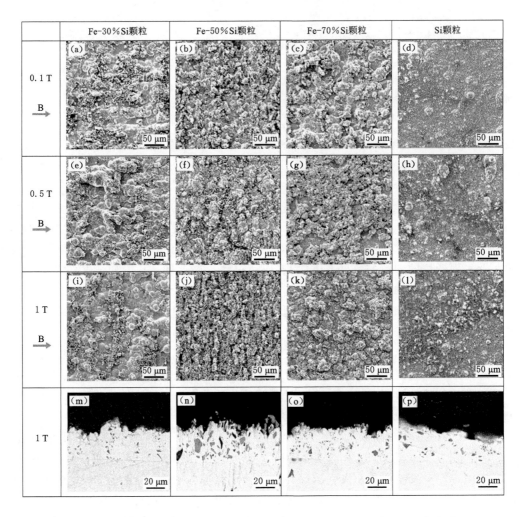

图 4-18　采用不同类型 Fe-Si 颗粒和纯 Si 颗粒、竖直电极、垂直磁场下获得的
镀层表面形貌及横截面图

注:a～l 为镀层标间形貌;m～p 为镀层横截面图

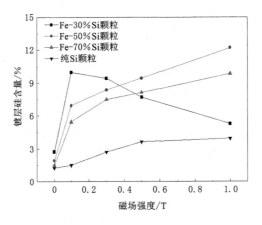

图 4-19　在 0～1 T 垂直磁场竖直电极下采用 Fe-Si 颗粒及纯 Si 颗粒所得镀层硅含量变化趋势图

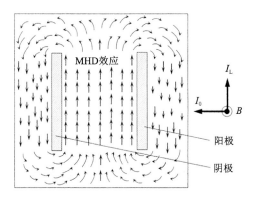

图 4-20　竖直电极垂直磁场下电沉积过程中宏观 MHD 效应形成示意图

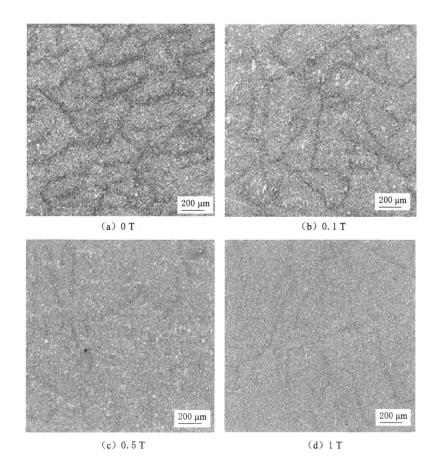

图 4-21　竖直电极垂直磁场下 Si 颗粒镀层表面 SEM 图

度磁场力吸引,导致镀液颗粒浓度显著下降。而 Fe-50%Si 和 Fe-70%Si 颗粒的铁磁性较为适中,获得的镀层硅含量随着磁场强度的增加而增加。

4.1.3 垂直磁场水平电极电沉积制备 Fe-Si 镀层

图 4-22 表示电流密度和电镀液颗粒浓度分别为 2 A/dm² 和 10 g/L 时,电流方向与磁场方向垂直、磁场强度为 0~1 T 时,采用水平电极及不同类型 Fe-Si 颗粒电镀获得的镀层表面形貌和横截面图。与无磁场条件下获得的样品相比,施加磁场后获得的镀层表面变得粗糙且颗粒分布也较为不均匀。此外,无磁场下获得的镀层厚度约为 55 μm,施加磁场后镀层厚度也明显变薄,至少降低 5 μm。

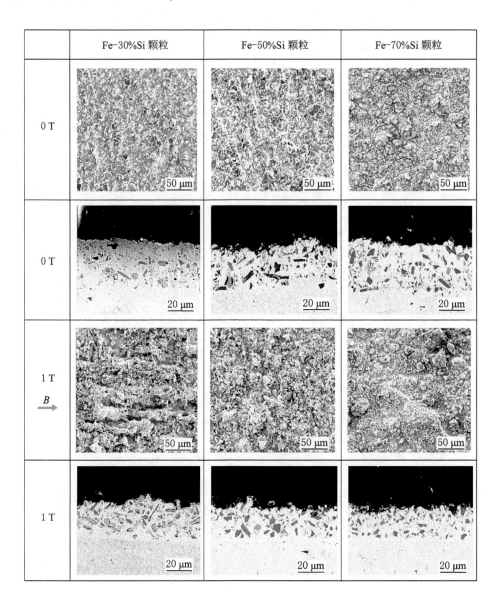

图 4-22 0~1 T 垂直磁场下采用 Fe-Si 颗粒、水平电极电镀时获得的镀层表面形貌及横截面图

　　图 4-23 表示由纯 Si 颗粒电镀获得的镀层表面形貌及元素面分布图。无磁场下获得的电镀层也较为平整,电镀层表面出现直径约 20 μm 的"菜花状"突起物。EDS 面分布分析结果表明[图 4-23(c)],镀层表面的硅含量较高,分布也较为均匀。施加 0.1 T 磁场后,"菜花状"突出物仍然存在,突出物周围出现较浅的沟槽。EDS 超表面的分布表明,硅主要分布在突出物表面,周围沟槽处分布较少。当磁感应强度增加到 0.3 T 时,"菜花状"突出物基本消失,镀层表面出现少量"蠕虫状"突出物,EDS 面分布表明硅含量明显降低。当磁感应强度继续增加到 0.5 T 时,镀层表面的"蠕虫状"数量显著增加,"蠕虫状"的长轴方向垂直于磁场方向,即平行于洛伦兹力的方向,也就是 MHD 效应引起的镀液流动方向;当磁感应强度增加到 1 T 时,镀层表面出现大量长数百微米、宽约 20 μm 的"带"状突出物,EDS 超表面分布[图 4-22(m～o)]和 EDS 能谱分析(图 4-24)表明,镀层上的颗粒含量显著降低,沿着"带状"突出物表面分布。图 4-25 显示了 0 T 和 1 T 磁场下镀层横截面图和 Si 元素分布图。测试表明,在 1 T 磁场下硅颗粒的分布主要沿带投影方向,这与镀层表面 EDS 面分布结果一致。同时,无磁场下颗粒均匀分布在镀层中,且分布密度也远高于在 1 T 垂直磁场下获得的镀层。

　　图 4-26 表示 0～1 T 水平电极垂直磁场下不同类型颗粒电镀后获得的镀层硅含量分布图,以及 1 T 磁场下获得的镀层横截面中颗粒密度的分布。随着磁感应强度的增加,不同类型颗粒电镀获得的镀层硅含量均显著降低,且随着颗粒硅含量的增加,镀层中硅含量的降低更为显著。由纯 Si 颗粒获得的镀层的硅含量从无磁场时的 37.94％急剧下降到 1 T 时的 2.83％,而采用 Fe-30％Si 颗粒获得的镀层硅含量仅从无磁场时的 12.65％下降到 1 T 时的 10.32％[图 4-26(a)]。同时,施加磁场后各镀层横截面上的颗粒分布密度尤其是纯 Si 颗粒的镀层颗粒分布密度显著降低[图 4-26(b)]。

　　由于重力作用,大量 Si 颗粒沉降至阴极表面,导致采用水平电极获得的镀层 Si 颗粒含量很高。同时,由于 Si 颗粒在阴极表面的覆盖,阴极局部区域将会出现有效电流密度异常增大的现象,在阴极表面形成一个较浅的"菜花状"突出物。当施加较低强度的垂直磁场时,电流与磁场相互作用所产生的宏观 MHD 效应将驱动镀液在电极表面流动,增强镀液的传质作用。同时,沉积在镀层表面的部分 Si 颗粒被带回电镀液中,从而阻碍了 Si 颗粒的共沉积行为(图 4-27)。此时,由于重力沉降作用,阴极表面的 Si 颗粒浓度仍相对较高,阴极导电面积显著减小,导致局部电流密度过大,阴极表面出现一些轻微突出的异常生长颗粒,被电镀液活塞流的冲刷作用。

　　当磁场强度大于 0.3 T 时,阴极表面出现异常生长"蠕虫状"突出物并沿活塞流动方向生长;当磁场强度增加至 0.5～1 T 时,从出现大量"蠕虫状"突出物,逐渐演变为"带"状突出物。这个过程中,较强的磁场与电流交互作用产生强烈的 MHD 效应,驱动着电镀液的快速流动,导致 Si 颗粒在阴极表面停留时间短,不利于 Si 颗粒的共沉积行为。同时,由于电流的二次分布,在"带"状突出物上电流密度分布较大,Fe^{2+} 还原速率较快,有利于 Si 颗粒的共沉积过程,从而使 Si 颗粒沿突出物方向排列,这也与 MHD 效应的流动方向一致,进一步表明 MHD 效应对 Si 颗粒在镀层中的分布有重要影响。在竖直电极上施加垂直磁场后,虽然存在 MHD 效应驱动电镀液呈现活塞流流动,但 Si 粒子受到更大的重力,导致阴极表面 Si 粒子的浓度远低于水平电极的,电流分布相对均匀。因此,阴极表面上观察不到"带状"或"豆"状突出物,随着磁感应强度的增加,传质效果增强,从而提高了 Si 粒子在镀层中的共沉积量。

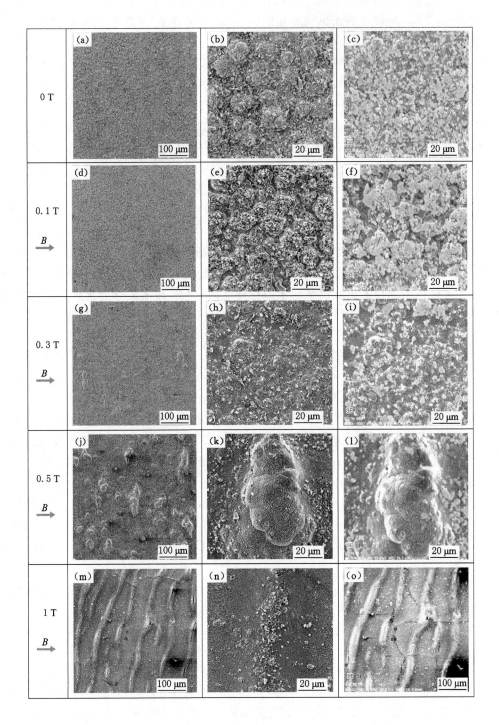

图 4-23　0～1 T 水平电极垂直磁场下采用纯 Si 颗粒获得的
镀层表面形貌及元素面分布图

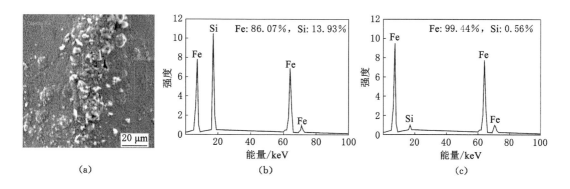

图 4-24　1 T 垂直磁场下采用 Si 颗粒所得镀层表面条状突出物 EDS 图

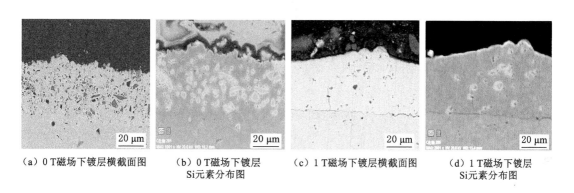

（a）0 T磁场下镀层横截面图　（b）0 T磁场下镀层　（c）1 T磁场下镀层横截面图　（d）1 T磁场下镀层
　　　　　　　　　　　　　Si元素分布图　　　　　　　　　　　　　　　　　　　　Si元素分布图

图 4-25　0 T 和 1 T 磁场下采用纯 Si 颗粒获得的镀层横截图以及
Si 元素分布图

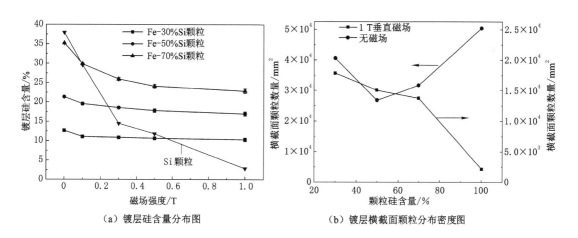

（a）镀层硅含量分布图　　　　　　　　（b）镀层横截面颗粒分布密度图

图 4-26　采用四种颗粒在水平电极、0～1 T 垂直磁场下获得的镀层硅
含量分布图以及镀层横截面颗粒分布密度图

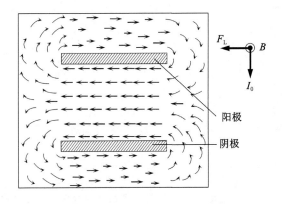

图 4-27　垂直磁场下水平电极电镀 MHD 效应示意图

此外，还可以对颗粒的受力情况进行分析，如图 4-28 所示。以镀层正面观察，由于 Si 粒子的影响，阴极表面出现了一些异常生长的晶粒。施加磁场后，磁场与其垂直方向上的电流分量 I_x 相互作用在粒子的两侧产生较强洛伦兹力（F_L）；从镀层侧面看，扭曲的电流线与磁场作用形成了一个偏向一侧的作用力，但是沿着 MHD 流方向上两个晶粒之间受到的侧向力要明显弱于正向力，从而使得 Si 颗粒倾向于向"蠕虫状"突出物（或异常长大的铁晶粒）侧面迁移，并在两个晶粒间停留并被沉积下来。随着磁场强度的增加，这种趋势越强，当磁感应强度增加到 1 T 时，晶粒沿横向（MHD 流方向）连成一块，形成"带状"突出物。然而，"带状"突出物之间的阴极表面相对比较光滑，在 MHD 效应的影响下，Si 粒子难以被放电还原的铁原子捕获。此外，在强 MHD 效应作用下，"带状"突出物表面较为粗糙，因此，Si 颗粒倾向于停留在突出物表面。

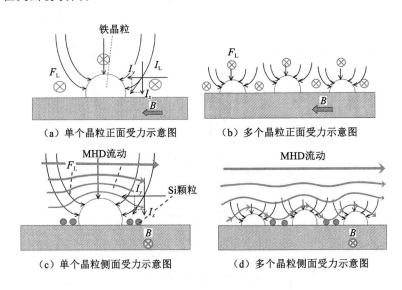

（a）单个晶粒正面受力示意图　　　　（b）多个晶粒正面受力示意图

（c）单个晶粒侧面受力示意图　　　　（d）多个晶粒侧面受力示意图

图 4-28 镀层条状突出物形成示意图

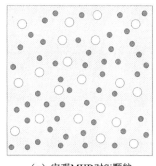
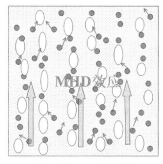
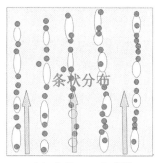

（e）宏观 MHD 对 Si 颗粒 形成条状分布影响示意图　　（f）宏观 MHD 对 Si 颗粒 形成条状分布影响示意图　　（g）宏观 MHD 对 Si 颗粒 形成条状分布影响示意图

图 4-28（续）

同样，平行于阴极的宏观 MHD 效应活塞流流动对 Fe-Si 颗粒的迁移行为也有着非常重要的影响。当采用竖直电极垂直磁场电镀时，MHD 的传质效应增加了颗粒与阴极表面的接触机会，促进粒子进入镀层，增加了镀层的硅含量。然而，Fe-Si 颗粒比纯 Si 颗粒更有利于进入镀层。在 1 T 磁场下，Fe-50％Si 颗粒和 Fe-70％Si 颗粒镀层的硅含量可超过 10％，而在无磁场相同电镀条件下，镀层硅含量不到 3.0％。很显然，颗粒的导电性并不是提高镀层硅含量的最重要因素。

同时，采用 Si 颗粒竖直电极获得的镀层硅含量从无磁场的 1.23％增加到 1 T 垂直磁场中的 3.94％，水平电极镀层硅含量由无磁场下的 37.94％降低到 1 T 垂直磁场下的 2.83％。实验结果还可以推测，MHD 效应并不是影响 Fe-Si 颗粒镀层中硅含量变化的主要因素。由于 Fe-Si 颗粒的磁性与纯 Si 粒子的磁性有显著差异，Fe-Si 颗粒表现出铁磁性，而纯 Si 粒子表现出弱的抗磁性，可以推断，Fe-Si 颗粒的磁化率可能是影响镀层硅含量的主要因素。然而，在垂直磁场为 0～1 T 的条件下，由 Fe-30％Si 颗粒获得的镀层中的硅含量呈现先增后减的趋势。与第 4.1.1 节的讨论类似，相当部分 Fe-30％Si 颗粒的高磁化率导致其被铁基体阳极吸引，导致进入阴极镀层的颗粒数量显著减少。

随着磁场强度的增加，水平电极垂直磁场下获得的镀层硅含量显著降低，Fe-Si 颗粒的硅含量越低，镀层硅含量的变化越小。镀层中硅含量的降低主要是由于宏观 MHD 效应对阴极的冲刷作用，将阴极表面大量颗粒重新带回电镀液中，导致镀层颗粒含量的降低。但随着颗粒硅含量的增加，其下降趋势更为明显。纯 Si 颗粒获得镀层的硅含量由无磁场时的 37.94％降至 1 T 时的 2.85％，相应的镀层粒子分布密度由无磁场下的每平方毫米约 5 万个降至约 0.2 万个，而 Fe-30％Si 镀层的硅含量则由无磁场下的 12.65％降至 1 T 时的 10.32％，镀层颗粒分布密度也随之降低，镀层颗粒密度每平方毫米从 0 T 的 4 万个减少到 1.8 万个，降低幅度明显减小，表明还有其他因素导致这一显著差异。

首先要考虑颗粒密度的差异，Fe-30％Si、Fe-50％Si、Fe-70％Si 和纯 Si 颗粒的密度如表 4-1 所示。Fe-30％Si 颗粒密度为 6.25 g/cm³，纯 Si 颗粒密度仅为 2.33 g/cm³，前者是后者的近三倍，密度较大的 Fe-30％Si 颗粒在阴极表面不容易被流动的电镀液带走。然而，纯 Si 颗粒密度与 Fe-70％Si 颗粒密度（3.34 g/cm³）差异并不显著，但 Fe-70％Si 颗粒获得的镀层硅含量从无磁场下的 35.22% 降至 1 T 时的 22.83%,而纯 Si 颗粒的从 37.8% 急剧降至2.83%,说明还存在其他一些因素影响颗粒的共沉积行为。由于 Fe-Si 颗粒显铁磁性,纯 Si 颗粒呈弱抗磁性,因此应考虑阴极梯度磁场力对 Fe-Si 颗粒迁移行为的影响,而忽略对 Si 颗粒的作用力。阴极对 Fe-Si 颗粒的吸引力会阻碍颗粒的逃逸,并且颗粒硅含量越低,磁场梯度力越大,逸出的可能性降低,导致镀层中硅含量相应的变化趋势减缓。

表 4-1　颗粒密度

颗粒硅含量/%	30	50	70	100
颗粒密度/(g/cm³)	6.25	4.72	3.34	2.33

4.2　电流密度对镀层硅含量的影响

图 4-29 表示无磁场和 1 T 磁场下在 $0.5 \sim 4$ A/dm² 时获得的镀层硅含量分布图。在无磁场和 1 T 磁场下采用竖直电极电镀时,随着电流密度的增加,镀层硅含量呈先增加后降低的趋势,在电流密度约 2 A/dm² 时镀层硅含量达到最大值。施加磁场后,镀层硅含量显著增加,并且采用平行磁场获得的镀层硅含量要显著高于垂直磁场下获得的镀层硅含量。同时,采用水平电极进行电镀时,随着电流密度增加,镀层硅含量呈线性降低的趋势,且施加磁场后镀层整体硅含量降低趋势更加强烈。和无磁场下水平电极镀层硅含量相比,在施加 1 T 磁场后,由纯 Si 颗粒获得的镀层在 $1 \sim 4$ A/dm² 下硅含量均急剧降低,而由 Fe-Si 颗粒获得的镀层硅含量随着颗粒硅含量的增加总体呈现增高趋势,由 Fe-70%Si 颗粒获得的镀层硅含量相对较高。

由于施加的磁场均为 1 T,电极排布方式相同时即使在不同的电流密度下电极附近的磁场梯度应该是恒定的。此时,决定复合镀层中硅含量的主要因素有:① 随着电流密度的增加,Fe^{2+} 放电速度与颗粒共析速度同时加快,两种关系处于竞争的状态。② 随着电流密度的增加,产生的 MHD 效应强度也不断增强。合适强度的 MHD 效应可以促进颗粒进入镀层,当 MHD 效应较强时,会对阴极表面产生较强的冲刷作用,可能会使即将进入镀层的颗粒被溶液重新再次带入电镀液中,从而阻碍了颗粒的共沉积过程。③ 电沉积过程会产生析氢反应,氢气的析出会造成溶液的扰动,增加镀液的传质作用,可以促进颗粒进入镀层,但当电流密度较大时,析氢反应也增强,造成溶液的扰动作用也得到加强,对电极也会造成一定的冲刷作用,从而阻碍了颗粒进入镀层。最终镀层硅含量主要是由上述几种因素的平衡过程决定的。

在水平电极、1 T 垂直磁场下进行电镀时,由于磁场与电流方向保持垂直关系,产生的 MHD 效应比较强烈,随着电流密度的增加,MHD 效应显著增强,同时与析氢反应的协同作用对阴极表面产生较强的冲刷作用,导致镀层颗粒含量(硅含量)显著降低。但是,采用竖直电极平行磁场电镀时,产生的微观 MHD 效应促进了电镀液的传质作用,有利于颗粒共沉积过程,随着电流密度的增加,Fe^{2+} 的还原速度有利于对颗粒的捕获,但产生的微观 MHD 效应以及析氢反应也较为强烈,对阴极表面也具有一定强度的冲刷效应,导致颗粒难以进入镀

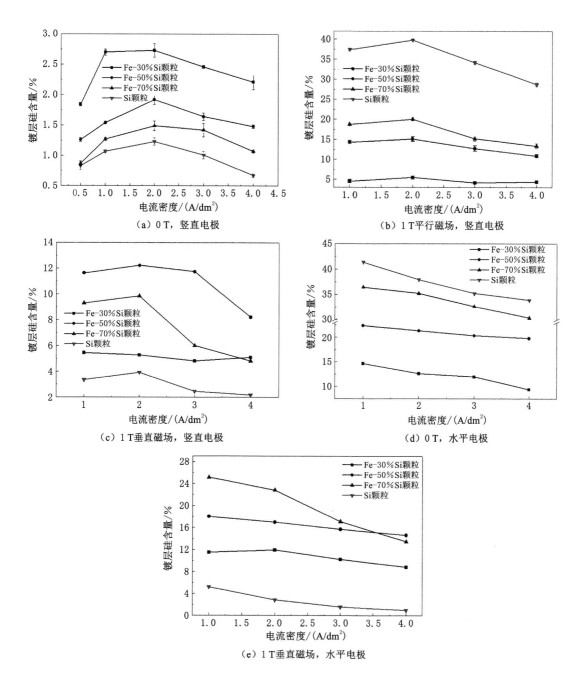

图 4-29　在不同电流密度、有无磁场下获得的镀层硅含量的分布图

层。采用竖直电极垂直磁场进行电镀时与相应的平行磁场相似,较大的电流密度产生较为强烈的析氢反应以及 MHD 效应,不利于颗粒进入镀层,电流密度约 2 A/dm² 时镀层硅含量达到最大值。

4.3　磁场与电流方向对镀层形貌及硅含量的影响

　　由前面的实验可知,采用平行磁场进行电镀获得的镀层硅含量较高,但获得的镀层表面比较粗糙,而采用垂直磁场获得的镀层表面形貌虽然平整,但获得的镀层硅含量较低。可以推断,当磁场方向和电场方向呈一定角度(0°~90°)时,可获得较高镀层硅含量和较为平整的镀层形貌。4.1.1节采用竖直电极平行磁场电镀时,磁场方向和电流方向相同,将其定义为正平行磁场,将磁场沿着顺时针旋转90°,此时将其定义为正垂直磁场,继续旋转磁场到180°,此时将其定义为反平行磁场,继续旋转磁场到270°,将其定义为反垂直磁场。图4-30和图4-31表示磁场方向与电流方向呈45°时,电流密度和颗粒浓度分别为 2 A/dm² 和 10 g/L时获得的镀层表面形貌及硅含量图。由图可知,采用不同 Fe-Si 颗粒和纯 Si 颗粒获得的镀层表面还是出现较多的聚集态突出物,在较低磁场强度下并没有出现平行磁场下获得的"针"状或"豆状"突出物,且随着颗粒自身硅含量的增加,镀层变得相对平整。同时,与无磁场相比,获得的镀层硅含量介于垂直磁场和平行磁场之间。采用 Fe-Si 颗粒获得的镀层硅含量随着磁场强度的增加出现先增加后降低的趋势,在约 0.7 T 磁场强度下达到最大值,在0.5~1 T 磁场强度下镀层硅含量均可达到 10% 以上。而采用纯 Si 颗粒获得的镀层硅含量在0.1 T 时最高,继续增加磁场强度,镀层硅含量呈现下降的趋势。

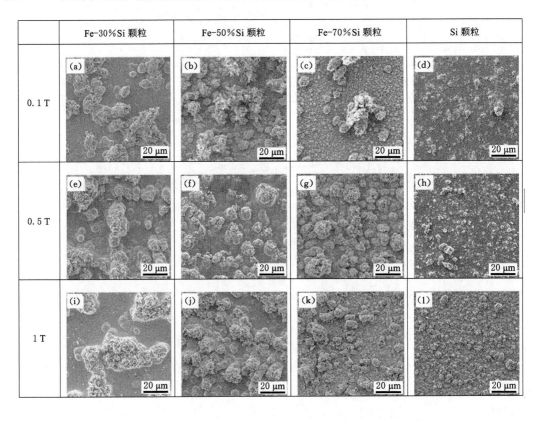

图 4-30　0~1 T 磁场下采用竖直电极电镀获得的镀层表面形貌图

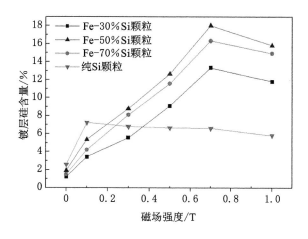

图 4-31　采用竖直电极在 45°磁场(0～1 T)下镀层硅含量分布

由此可见,采用 45°磁场也会对电沉积过程产生显著的影响。也可以从颗粒的受力图进行分析(图 4-32),磁场与电流的交互作用也会在阴极表面产生一个平行的电镀液流,这种电镀液扰动强度会随着磁场与电流方向间的角度变化而发生变化。与垂直磁场相似,由于这种电镀液流动也比较强烈,在 MHD 效应和梯度磁场力的协同作用下可在一定程度上削弱平行磁场下"针"状突出物的产生趋势(图 4-33)。当采用反平行磁场和反垂直磁场电镀时,获得的镀层硅含量与正平行磁场和正垂直磁场获得的镀层硅含量变化趋势相似(图 4-34),施加正垂直磁场产生的 MHD 流方向为竖直向上,而采用反垂直磁场产生的 MHD 流方向为竖直向下,但对镀层形貌及硅含量并无明显影响,说明磁场下颗粒的重力因素并不是影响颗粒共沉积过程的主要因素(图 4-35)。

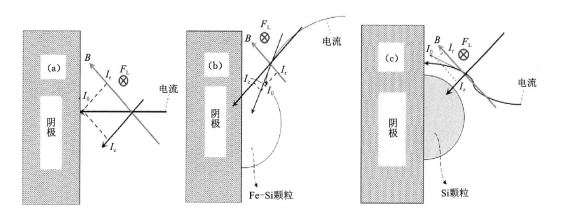

图 4-32　颗粒受力图

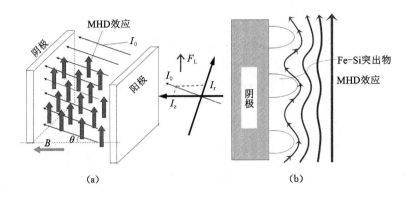

图 4-33　MHD 效应示意图

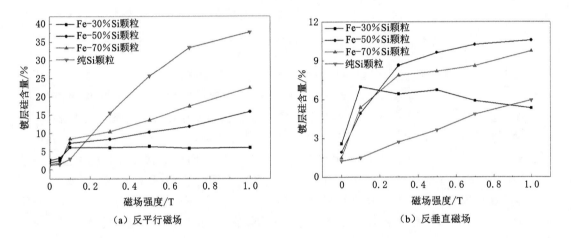

图 4-34　采用竖直电极反平行磁场和反垂直磁场下获得的镀层硅含量分布图

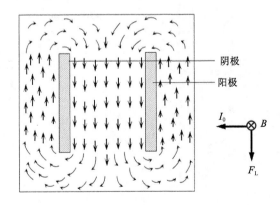

图 4-35　反垂直磁场中采用竖直电极电沉积过程中 MHD 效应示意图

4.4 电沉积过程分析

4.4.1 MHD 效应

无论施加垂直磁场还是平行磁场,电流与磁场的交互作用均会引起阴极附近溶液扰动,形成磁流体力学效应,即 MHD 效应,将会使得阴极表面双电层变薄,从而促进了溶液中金属离子和颗粒向阴极表面传输,其作用机理如图 4-36 所示。图 4-37 是采用 COMSOL 有限元分析软件对平行磁场下金属晶粒尺度上微观 MHD 效应在不同平面上的强度进行定性分析,也间接证实了我们对微观 MHD 效应的分析。同时,晶粒上微观 MHD 效应产生的小旋流方向一致,同时可能还会形成一定强度的宏观 MHD 效应[60,92],如图 4-38 所示。

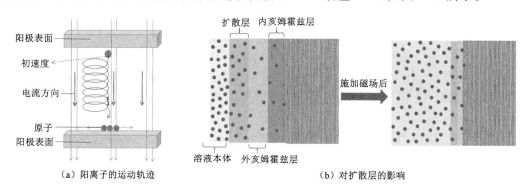

图 4-36 溶液中阳离子的运动轨迹示意图及对扩散层的影响

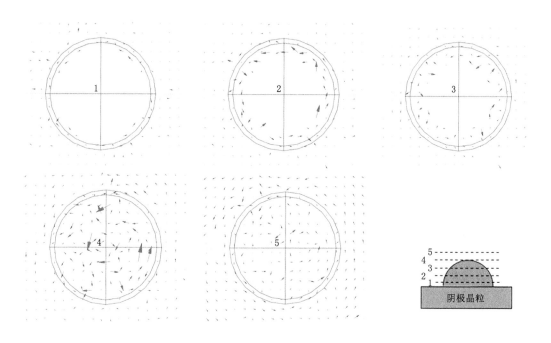

图 4-37 采用 COMSOL 分析 MHD 效应(晶粒为 1 μm)

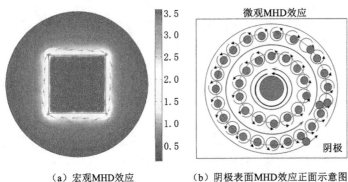
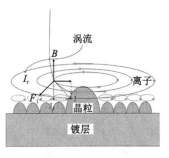

（a）宏观MHD效应　　　（b）阴极表面MHD效应正面示意图　　　（c）阴极侧面MHD效应示意图

图 4-38　平行磁场下电沉积引起的宏观 MHD 效应

施加磁场不仅能从宏观角度调控材料制备过程中的物理化学反应进程，而且还可以影响和调节物质内部的微观状态，如化学反应热、pH 值、反应速率、熵、活化能等，从而影响化学反应方向，进而达到调控电沉积过程的目的，最终影响到镀层的综合性能。在电沉积过程中，阴极表面的金属阳离子在获得电子后还原为金属原子，即

$$M^{n+} + ne \longrightarrow M \tag{4-3}$$

在电沉积过程中，如果目标金属离子的还原电位较小时，甚至比析氢反应电位更小，此时很容易导致析氢副反应的产生，首先 H^+ 获得电子后变成吸附氢原子 H_{ad}，然后两个 H_{ad} 结合形成氢气 H_2，可表示为：

$$H^+ + e \longrightarrow H_{ad} \tag{4-4}$$

$$H_{ad} + H_{ad} \longrightarrow H_2 \uparrow \tag{4-5}$$

施加磁场给反应提供了额外的能量，反应不再是简单的温度控制，磁吉布斯自由能也对反应产生影响。在磁场下化学反应的磁吉布斯自由能（磁 Gibbs 自由能）按下式计算[70-72]：

$$G_M = -\frac{x_v B^2}{2\mu_0} \tag{4-6}$$

式中，G_M 为磁吉布斯自由能，J/mol；x_v 为物质的体积磁化率；B 为磁场强度，T；μ_0 为真空磁化率，m/H。而施加磁场后，反应（4-6）的磁 Gibbs 自由能差值可能更大，导致生成产物的总能量降低，从而促进反应的进行。

4.4.2　电极边缘梯度磁场效应

由于本书采用的电极材料为铁基材料，其在磁场下被磁化后在电极表面将形成较大的磁场梯度（图 4-39），且电极边沿区域产生的磁场梯度要显著大于电极中部区域。因此，为了更进一步考察磁场梯度力对复合电沉积的影响规律，有必要对电极边沿表面形貌及硅含量进行详细考察。图 4-40 表示无磁场和 0.5 T 磁场下采用 Fe-50％Si 颗粒获得的镀层硅含量的分布图，由图可知，镀层边沿部分均具有较大硅含量，整体趋势为"平底锅"状。但磁场下获得的镀层硅含量要显著高于无磁场下镀层硅含量。此外，所得的镀层硅含量均出现镀层左边硅含量较高、右边硅含量较低的现象，这可能是机械搅拌所造成的。

图 4-41 表示采用了均值粒径为 20 μm 的不同类型 Fe-Si 颗粒和纯 Si 颗粒在无磁场、

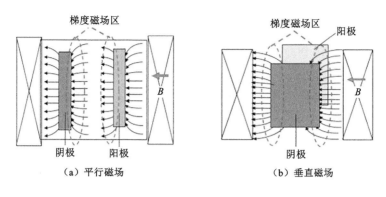

（a）平行磁场 （b）垂直磁场

图 4-39 采用竖直电极电镀时电极边沿部分磁场分布图

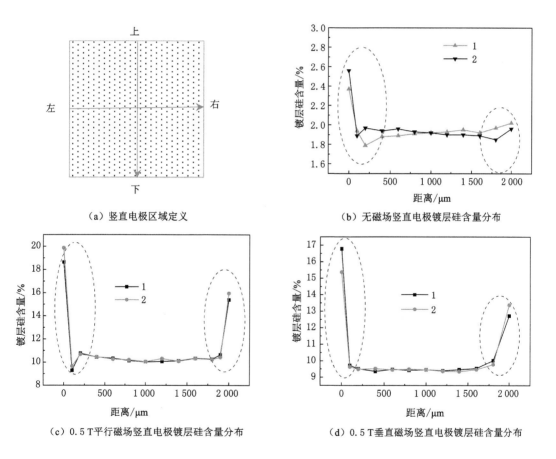

（a）竖直电极区域定义 （b）无磁场竖直电极镀层硅含量分布

（c）0.5 T 平行磁场竖直电极镀层硅含量分布 （d）0.5 T 垂直磁场竖直电极镀层硅含量分布

1 表示从左向右镀层表面硅含量分布，2 表示从上向下镀层表面硅含量分布。

图 4-40 在 0 T、0.5 T 磁场下 Si 和 Fe 元素在镀层表面线分布图

0.5 T 垂直磁场和 0.5 T 平行磁场下获得的镀层元素面分布。施加磁场后，颗粒均具有向电极边沿区域聚集沉积的趋势。由于 Si 颗粒为呈弱抗磁性物质，因此梯度磁场力不是主导因素，可以推断 MHD 效应是影响镀层颗粒含量及分布的主要因素。同时，施加垂直磁场后，颗粒在镀层中间部分的分布量显著减少，而边沿部分较高，说明宏观 MHD 也不利于颗

粒的复合沉积过程。但是,施加 0.5 T 平行磁场后,镀层边沿和中间区域均有利于颗粒的共沉积行为,说明微观 MHD 是显著有利于颗粒的复合沉积行为的。这是否是因为垂直磁场产生的宏观 MHD 效应对电极表面具有较强的冲刷作用才导致镀层硅含量较低,而平行磁场引起的微观 MHD 效应冲刷作用较弱引起的呢? 由于 0.05 T 和 0.1 T 较低磁场强度下产生的 MHD 效应强度较弱,Si 颗粒在 0.05 T 和 0.1 T 垂直磁场下电镀获得的镀层硅含量仅为 1.32% 和 1.49%,应远低于较强平行磁场下镀层 Si 含量,因此可以推断宏观 MHD 效应产生的冲刷作用不是阻碍颗粒进入镀层的主要原因。很明显,微观 MHD 与宏观 MHD 效应对颗粒进入镀层的影响机制是明显不同的,微观 MHD 效应明显更有利于颗粒的复合电沉积行为,而宏观 MHD 效应能起到一定程度的促进作用。对于 Fe-Si 颗粒特别是具有较好软磁性能的 Fe-30%Si 颗粒,电极边沿部分较高磁场梯度对磁化 Fe-Si 颗粒产生较强梯度磁场力的吸引作用,而对纯 Si 颗粒来说,梯度磁场力可以忽略不计。此外,无磁场下电镀时,采用 Fe-Si 颗粒及纯 Si 颗粒镀层边沿-中间区域上颗粒分布的趋势相同,均出现了向边沿部分轻微偏聚的趋势,这可能是电流分布不均造成的。电流在镀层边沿分布密度较高,Fe^{2+} 放电较快,有利于颗粒被放电还原的金属原子所捕获。

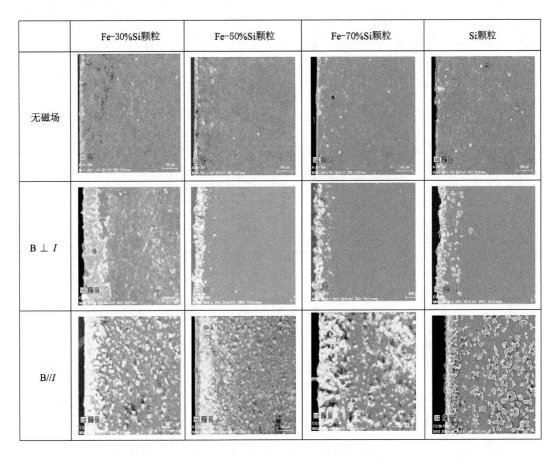

图 4-41 采用 Fe-Si 颗粒和 Si 颗粒在不同磁场下所得的镀层近边缘区域
Si 和 Fe 元素分布图

4.4.3　析氢反应对电沉积过程的影响

在电沉积过程中,由于析氢反应比较严重,有必要评估析氢反应对电沉积过程的影响。本书采用恒电量称量法考察了电流密度、磁场方向、磁感应强度以及电极排布方式对纯铁镀阴极电流效率的影响规律。铁的电沉积效率 η 的计算公式为:

$$\eta = \frac{m_1 - m_0}{It \times \dfrac{M}{nF}} \times 100\%　\hspace{2em}(4\text{-}7)$$

式中,m_0 与 m_1 表示电镀前和电镀后阴极(低硅钢薄带)的质量,g;I 为电镀电流,A;t 表示电沉积时间,s;M 表示铁原子摩尔质量,g/mol;n 表示 Fe^{2+} 离子价;F 表示法拉第常数,96 500 C/mol。

图 4-42 表示采用不同位向电极电、流密度和磁场强度对阴极电流效率的影响。由图可知,在无磁场下随着电流密度的增加,电流效率显著增加,但采用水平电极获得的电流效率要明显比采用竖直电极获得的电流效率高。施加磁场后,随着磁场强度的增加,无论采用哪种电极排布方式,电流效率均呈显著下降趋势,并且垂直磁场获得的电流效率比平行磁场获得的电流效率低,竖直电极垂直磁场获得的电流效率比水平电极垂直磁场获得的电流效率更低。

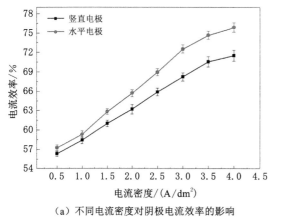

（a）不同电流密度对阴极电流效率的影响　　　（b）不同位向电极、磁场强度对阴极电流效率的影响

图 4-42　不同电流密度、位向电极、磁场强度对阴极电流效率的影响

无磁场下,随着电流密度的增加,阴极附近溶液 Fe^{2+} 和 H^+ 快速消耗,导致了 pH 显著增高,H^+ 的还原电位会变得更小,不利于析氢反应的进行,导致放电电流显著增加[99]。当施加磁场后,磁场与电场的交互作用产生 MHD 效应,降低了分散层厚度,促进了阴极附近电镀液的传质作用,降低了阴极表面的浓差极化,促进了 H^+ 的析氢反应,降低了电流效率。同时,采用竖直电极时,由于对流作用,电极下部分的析氢反应对电极上部分也具有扰动作用,加速了电镀液的传质作用,也更有利于 H_2 的放出,促进了析氢反应(图 4-43),从而降低了电流效率。

上述研究说明磁场对电沉积过程具有显著的影响,为了直观观察平行磁场下微观 MHD 效应对颗粒复合电沉积的影响,作者采用均值粒径为 20 μm 以及 0~1 000 μm 的纯

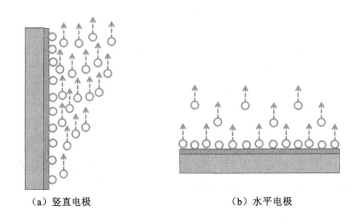

（a）竖直电极　　　　　　　　　　（b）水平电极

图 4-43　不同位向电极析氢反应

Si 颗粒在无磁场、1 T 垂直磁场、1 T 平行磁场下进行复合电镀。图 4-44 表示电镀后获得的镀层形貌图，由图可知，在无磁场下，镀层表面基本上观察不到较大颗粒的存在。施加垂直磁场后，获得的镀层表面只有少量的 Si 颗粒存在。但是当施加 1 T 平行磁场后，均值粒径为 20 μm 的 Si 颗粒大量沉积在镀层表面，而施加 0～1 000 μm 获得的镀层也大量富集了不同粒径的 Si 颗粒，颗粒最大粒径能达到 200 μm。

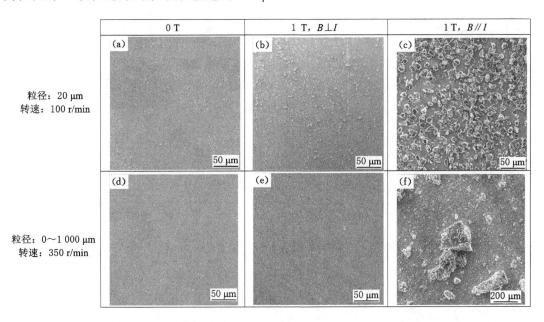

图 4-44　采用纯 Si 颗粒、竖直电极，在无磁场和 1 T 平行磁场下获得的镀层形貌图
（颗粒浓度：40 g/L；电流密度：2 A/dm²）

在没有施加磁场的电沉积过程中，颗粒受到重力、浮力、溶液拖拽力以及 Si 颗粒吸附阳离子后受到的阴极电场力等。施加磁场后，Si 颗粒可能还受到 MHD 效应的影响。在 4.1.1 节讨论了 Si 颗粒的难导电性使得颗粒周围发生了电流的扭曲，从而引起了微观 MHD 效

应。同时由于电流的二次分布,阴极四周电流密度较高,电流与磁场的交互作用还会形成宏观 MHD 效应[60](图 4-45)。采用 COMSOL 有限元分析软件分析 1 T 磁场下电流密度为 2 A/dm² 时获得的电流分布图,也间接证实了分析结果(图 4-46)。

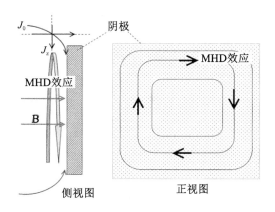

图 4-45　平行磁场中竖直电极电镀时近边沿区域形成的宏观 MHD 效应

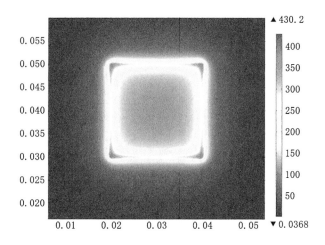

图 4-46　采用 COMSOL 有限元分析软件分析电流在阴极表面上的分布

此外,在表面张力的作用下,Si 颗粒表面也会吸附大量的阳离子,然后随着电镀的进行在阴极表面附近随 MHD 效应进行旋动,可以简单将之看成一个微电流(i_0),也可以看成偶极离子,近阴极端表现为 S 极。由于阴极为可磁化的铁磁性材料,在其周围产生了一个较强的梯度磁场 ∇B,同样也会对吸附大量阳离子的 Si 颗粒产生较强的梯度磁场力,从而促进了 Si 颗粒向阴极表面迁移和聚集(图 4-47),从而显著提高了镀层颗粒含量。

4.4.4　颗粒在磁场中受到的梯度磁场力分析

即使无磁场下加上较强的机械搅拌(200 r/min),镀层表面颗粒均无定向排列趋势,说明机械搅拌对镀层上条纹状突出物的贡献有限。同时,在宏观 MHD 效应作用下,Fe-

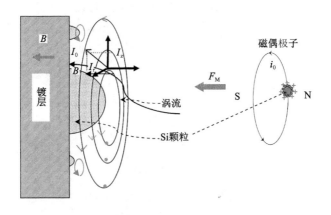

图 4-47　平行磁场电镀时阴极表面 Si 颗粒附近 MHD 效应

30％Si 颗粒在镀层表面出现沿竖直磁场垂直方向上排列的趋势，即宏观 MHD 效应方向（图 4-48），而这一趋势对 Fe-50％Si、Fe-70％Si 颗粒及纯 Si 颗粒来说并不明显。为了更直观观测 Fe-Si 颗粒定向排列的趋势，本书又采用了粒径较大的 Si 颗粒（4 μm）和 Si 质量分数分别为 30％、50％和 70％的 Fe-Si 颗粒在竖直电极 0.5 T 垂直磁场下进行电镀，其中颗粒在镀液中的质量浓度为 20 g/L 以及电流密度为 2 A/dm^2。Fe-30％Si 颗粒在镀层表面出现沿着宏观 MHD 效应方向排列的趋势（图 4-48 和图 4-49）。

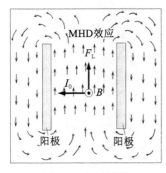

（a）MHD形成过程　　　　　　　　（b）Fe-30％Si颗粒在镀层上定向排列

图 4-48　MHD 形成过程与 Fe-30％Si 颗粒在镀层上的定向排列图

因此，Fe-Si 颗粒在近水平方向上同时受到机械搅拌力和梯度磁场力，在竖直方向上受到 MHD 效应的向上冲刷力。其中机械搅拌力方向与 MHD 方向垂直，而梯度磁场力可以阻碍 Fe-Si 颗粒从阴极表面逃逸的趋势。0.5 T 较强磁场强度下，Fe-Si 颗粒尤其是 Fe-30％Si 颗粒具有非常明显的定向排列趋势，说明 MHD 效应在镀层表面比机械搅拌力的作用更大一些。对于竖直电极垂直磁场下的 Fe-70％Si 颗粒和纯 Si 颗粒而言，由于磁化率较低，其磁场梯度力较小，所以这种定向排列并不明显。Fe-50％Si 颗粒具有一定的定向排列趋势，但较为模糊。另外，也可以从施加颗粒的受力情况来分析，如图 4-50 所示。从正面看，虽然 Fe-Si 颗粒具有较强的导电性，使得微观区域电流具有一定的扭曲，

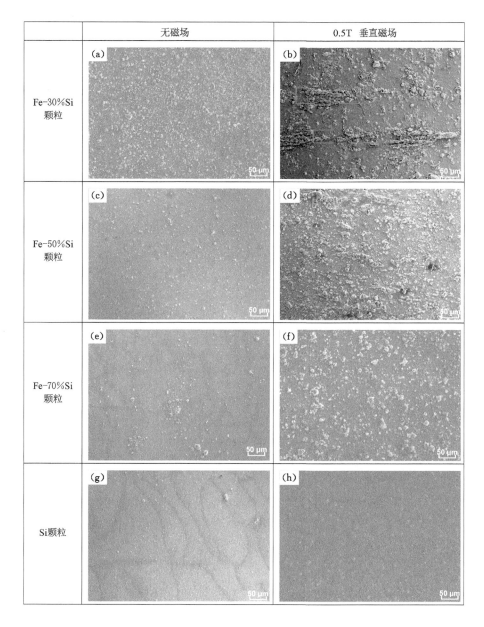

图 4-49　采用不同硅含量颗粒在无磁场下与 0.5 T 磁场下获得的镀层形貌

注:a~d 为无磁场下获得的镀层形貌,e~h 为 0.5 T 磁场下获得的镀层形貌

但电流总体上与磁场保持垂直关系,因而产生较强的竖直向上的宏观 MHD 效应,但是由于屏蔽作用,两个颗粒间受到的 MHD 溶液拖拽力要明显弱一些。假设当较大的 Fe-Si 颗粒或颗粒团聚物沉积在阴极表面后,沿 MHD 流动方向将在 Fe-Si 颗粒或颗粒团聚物后侧形成一个缓流区[图 4-50(b)]。在 MHD 传质作用下,镀液中的其他颗粒和镀层表面的小尺寸 Fe-Si 颗粒具有向缓流区迁移的趋势,从而形成 Fe-Si 颗粒在镀层表面的定向排列[图 4-50(c)]。

　　虽然垂直磁场引起的宏观 MHD 效应对电镀液具有良好的搅拌作用,但这种 MHD 效

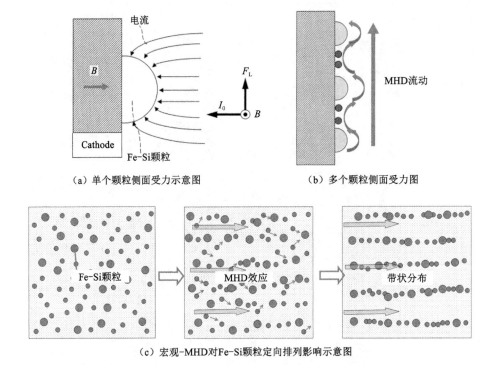

（a）单个颗粒侧面受力示意图　　（b）多个颗粒侧面受力图

（c）宏观-MHD对Fe-Si颗粒定向排列影响示意图

图 4-50　镀层 Fe-Si 颗粒"定向"排列形成示意图

应可以使纳米颗粒均匀地悬浮在电镀液中，阻碍其在电镀槽中的沉降，其 MHD 强度甚至完全取代机械搅拌[99-102]。然而，对于微米级颗粒，由于颗粒的重力较大，容易沉降到电解槽的底部。同时，MHD 效应主要集中在电极附近，远离电极区域如电镀槽底部等死角位置受到 MHD 效应的作用比较小，仅由 MHD 效应动力学引起的液体流动不足以使底部颗粒返回电镀液中，实际情况也是如此。因此，在微米颗粒复合电沉积过程中，MHD 效应并不能完全取代机械搅拌。

4.5　本章小结

本章研究了水平磁场对制备 Fe-Si 镀层的影响，考察了磁场强度、磁场与电场排布位向、电流密度、不同硅含量的 Fe-Si 颗粒及纯 Si 颗粒对 Fe-Si 镀层形貌及硅含量的影响规律，并对不同条件下的电沉积原理进行了研究分析，得到以下结论：

（1）通过磁滞回线测试结果表明，Fe-30％Si 颗粒、Fe-50％Si 颗粒和 Fe-70％Si 颗粒在磁场下具有铁磁性，其中 Fe-30％Si 颗粒的铁磁性显著大于 Fe-50％Si 颗粒和 Fe-70％Si 颗粒的铁磁性，纯 Si 颗粒显示弱抗磁性。

（2）采用竖直电极垂直磁场电镀时，采用 Fe-Si 颗粒获得的镀层具有沿着 MHD 效应流动方向排布的趋势。同时，随着磁场强度的增加，采用 Fe-50％Si、Fe-70％Si 颗粒获得的镀层硅含量显著增加，而采用纯 Si 颗粒获得的镀层硅含量增加趋势较为缓慢。这主要是由于 Fe-50％Si 颗粒、Fe-70％Si 颗粒具有一定的软磁性能，在磁场中被磁化后在阴极梯度磁场力和 MHD 效应协同作用下具有向阴极表面迁移的趋势,同时具有沿着 MHD 流动方向排布的趋势。而纯 Si 颗粒显弱抗磁性,故 MHD 效应是影响颗粒共沉积的主要因素。此外,采用 Fe-30%Si 颗粒获得的镀层硅含量在 0.1 T 磁场下获得最大值,随着磁场强度的进一步增强,镀层的硅含量降低,这是由于 Fe-30%Si 铁磁性最强,当磁场强度足够强时,阴极和阳极均会在电极周围吸引部分颗粒,造成镀液中颗粒浓度显著下降。

(3)当采用水平电极电镀时,随着磁场强度的增加,由于较强的 MHD 效应,镀层硅含量呈现降低的趋势。采用纯 Si 颗粒获得的镀层硅含量从无磁场下的 37.92% 显著下降到 1 T 磁场下的 2.83%,且镀层形貌出现"菜花状"—"蠕虫状"—"带纹状"突出物的演变。而在阴极梯度磁场力的作用下,采用 Fe-Si 颗粒获得的镀层硅含量下降趋势较为缓慢,同时还具有一定沿着 MHD 效应流动方向排布的趋势。

(4)采用竖直电极平行磁场电镀时,当磁场强度低于 0.5 T 时,在梯度磁场力的作用下,采用 Fe-Si 颗粒获得的镀层表面出现大量的"针"状突出物。进一步增加磁场强度,在梯度磁场力和 MHD 效应协同作用下"针状"突出物逐渐演变为"圆丘"状突出物。这些突出物主要是由 Fe-Si 颗粒聚集组成的。随着磁场强度的增加,采用纯 Si 颗粒获得的镀层表面出现大量的"豆"状铁基突出物,这是由于 Si 颗粒导电性差,大量颗粒在阴极表面沉积,导致阴极基体表面局部电流激增。同时,随着磁场强度的增加,采用 Fe-50%Si 颗粒、Fe-70%Si 颗粒和纯 Si 颗粒获得的镀层硅含量显著增加,其中采用 Si 颗粒获得的镀层硅含量从无磁场的 1.23% 显著上升到 1 T 的 39.8%。而由于受到较大梯度磁场力的作用,Fe-30%Si 颗粒在 0.1 T 磁场下获得最大镀层硅含量。

(5)随着电流密度的增加,采用竖直电极电镀时,无论施加 1 T 平行磁场还是 1 T 垂直磁场,在电流密度为 $1\sim4$ A/dm^2 范围内,镀层硅含量均随着电流密度的增加呈现先增加后降低的趋势,在电流密度为 2 A/dm^2 时达到最大值。而采用水平电极电镀时,随着电流密度的增加,镀层硅含量呈现线性下降的趋势。

(6)通过分析竖直电极在无磁场、1 T 垂直磁场和 1 T 平行磁场下电镀获得的镀层近边沿区域形貌可以推测,施加平行磁场比施加垂直磁场更有利于颗粒的复合电沉积行为,这是磁场影响机制显著不同造成的。平行磁场与电流的交互作用产生微观 MHD 效应,垂直磁场与电流产生宏观 MHD 效应,微观 MHD 效应更有利于颗粒的共沉积行为。在 1 T 平行磁场下,能促进最大约 200 μm 的颗粒进入镀层。

第 5 章　强磁场下制备 Fe-Si 镀层

上一章研究了水平磁场对制备 Fe-Si 镀层的影响。虽然磁场对 Fe-Si 复合电沉积影响非常明显,但是由于水平磁场强度的限制,有些变化趋势并没有完全展示出来,因此有必要增加磁场强度来研究磁场对复合镀层制备的影响。而超导磁场很容易产生 2～10 T 磁感应强度的磁场。在超导强磁场中研究磁场对电沉积的影响,应该首先考虑磁场的施加方向与电流方向的关系。在本章的研究中,主要考虑两种磁场与电流位向关系,一个是垂直磁场(磁场方向与电流方向垂直,电场方向与重力垂直,采用的电极为竖直电极),另一个是平行磁场(磁场方向与电场方向流平行,电场方向与重力一致,采用的电极为水平电极)。在垂直强磁场下,将会产生强烈的宏观 MHD 效应;采用平行强磁场,将产生比较强的微观 MHD 效应。这种 MHD 效应对镀层形貌结构有何影响,本章将详细论述。

5.1　垂直强磁场对镀层形貌及硅含量的影响

采用的电极为竖直电极,磁场方向与电流方向保持垂直。图 5-1 表示采用竖直电极在强磁场 0～8 T 磁感应强度下获得的镀层表面形貌。由图可知,采用 Fe-Si 颗粒进行电镀得到的镀层上出现大量与磁场方向垂直的条纹状突出物,尤其是采用 Fe-70％Si 颗粒在 8 T 下获得的镀层,而采用纯 Si 颗粒获得的镀层出现条纹状突出物分布的现象并不明显。采用元素面分析可知,这些突出物主要是 Fe-Si 颗粒聚集物[图 5-1(m～p)和图 5-2]。通过对 0 T 和 8 T 磁场下采用不同类型颗粒获得的镀层横截面形貌分析可知,镀层表面颗粒条纹状分布在镀层横截面上表现为“带”状,“带”状物上的颗粒含量及数目要显著高于突出物间区域的颗粒数(图 5-3),也就是说 Fe-Si 颗粒在镀层表面发生了定向排列。同时,在电镀时间为 120 min、电流密度为 2 A/dm^2 下获得的所有镀层厚度均在 40 μm 左右,镀层与基体界面处未出现明显的裂纹。与无磁场下相比,施加磁场后获得的样品镀层硅含量显著上升。随着磁感应强度的增强,采用 Fe-50％Si 颗粒和 Fe-70％Si 颗粒获得的镀层硅含量显著上升,而 Fe-30％Si 颗粒镀层硅含量在磁感应强度大于 2 T 后却出现下降的趋势,同时采用纯 Si 颗粒获得的镀层在磁感应强度大于 2 T 以后,镀层硅含量基本趋于 6.0％(图 5-4)。

上述实验结果表明施加垂直强磁场后,获得的镀层表面形貌与上一章采用水平磁场下获得的镀层相比具有明显不同之处:当磁感应强度达到 4 T 时,Fe-50％Si 颗粒和 Fe-70％Si 颗粒在磁感应强度为 4 T 时镀层表面出现较为明显的与磁场方向垂直的条纹状突出物,而在较低垂直磁场(0～1 T)下获得的镀层表面 Fe-Si 颗粒在镀层表面出现这种定向带状结构现象并不明显。

上一章讨论了磁场下垂洛伦兹力引起 MHD 效应对复合电镀过程的影响是非常显著

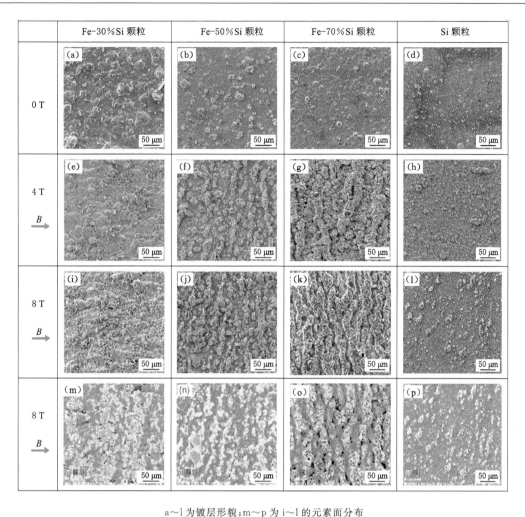

a～l 为镀层形貌；m～p 为 i～l 的元素面分布

图 5-1 采用 Fe-Si 颗粒和纯 Si 颗粒在垂直磁场中获得的镀层形貌

注：电流密度和镀液颗粒浓度分别为 2 A/dm² 和 10 g/L。

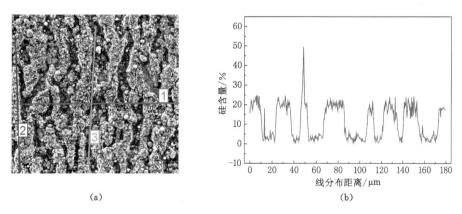

图（b）、（c）与（d）分别表示图（a）中（1～3）区域的 Si 元素线分布

图 5-2 由 Fe-70％Si 颗粒在 8 T 垂直磁场下所获镀层表面 EDS 线分析

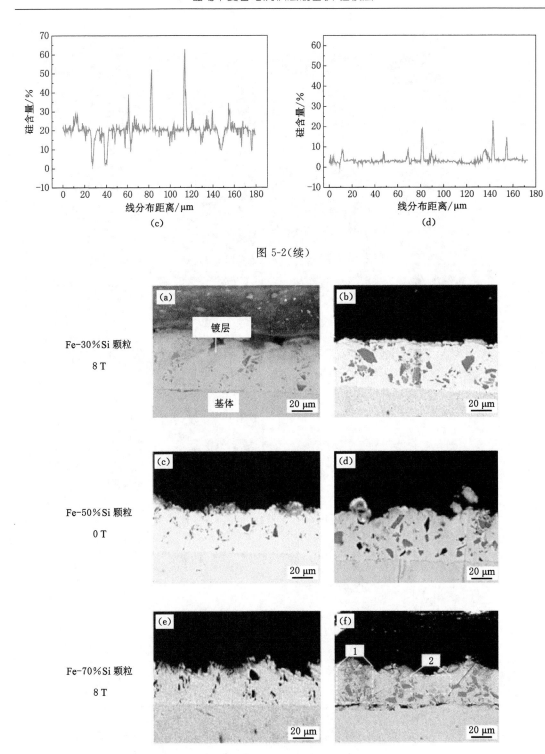

图 5-2（续）

图(i)和(j)表示(f)区域中 1、2 的元素 EDS 谱

图 5-3　采用 Fe-30％Si、Fe-50％Si、Fe-70％Si 和纯 Si 颗粒在 0 T 和 8 T 磁场下获得的
镀层横截面 BSE 图

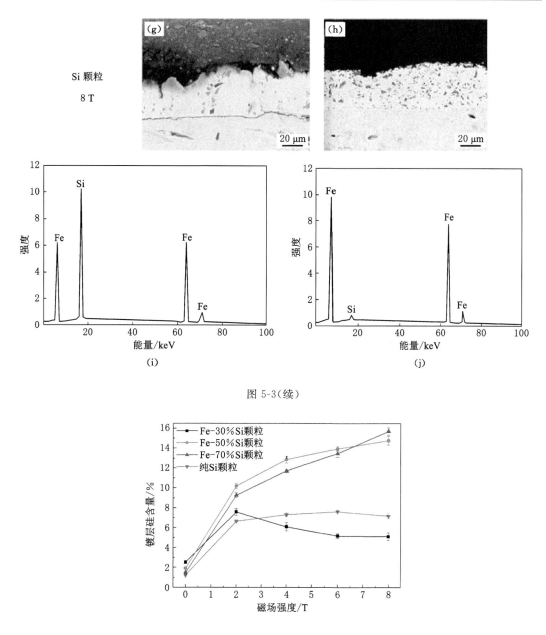

图 5-3（续）

图 5-4　在竖直电极、垂直强磁场下电镀获得的镀层硅含量

的。当磁场方向和电流方向垂直时洛伦兹力达到最大值,从而在强磁场电沉积过程中导致强烈的平行于电极表面的镀液活塞流产生(图 5-5),因此可以显著改善电极附近分散层的传质作用,增加镀液中的颗粒和阴极接触机会,从而可进一步增加镀层中 Fe-Si 颗粒和纯 Si 颗粒的含量。但是,随着磁场强度的增大,产生的洛伦兹力显著增大,产生的镀液扰流作用对阴极表面具有较强的冲刷作用,足以把到达阴极表面和初步沉积于阴极表面的颗粒卷入溶液中,从而影响了颗粒的共沉积过程。当垂直磁场强度高于 2 T 后由纯 Si 颗粒获得的镀层硅含量基本维持在 6％左右。

同时,Fe-Si 颗粒在镀层表面出现沿与磁场垂直方向排列的趋势,而这一趋势对纯 Si 颗

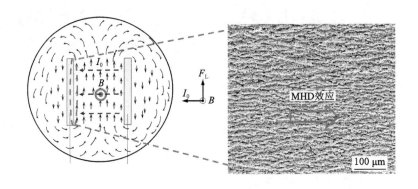

图 5-5　竖直电极垂直强磁场产生的 MHD 效应俯视图

粒来说并不明显；而且由 Fe-50％Si 和 Fe-70％Si 颗粒获得的镀层硅含量随着磁场强度的增大明显增大，而由 Fe-30％Si 和纯 Si 颗粒获得的镀层硅含量在磁感应强度超过 2 T 后却没有发生明显变化。很明显，还有其他因素主导这一现象的产生。上一章讨论了 0～1 T 水平磁场下的复合电沉积过程，当存在一个梯度磁场（∇B）时，将会诱导一个对磁性颗粒产生吸引作用的磁场梯度力（$F_{\nabla B}$）的产生：$F_{\nabla B} = \chi \nabla B \cdot \nabla B / \mu_0$，$F_{\nabla B}$ 随着 x 或 ∇B 的增高而线性增大。由于 Fe-Si 颗粒显软磁性而纯 Si 颗粒显弱抗磁性，因而导致阴极对 Fe-Si 颗粒具有一个吸引力（$F_{\nabla B}$）。因此，Fe-Si 颗粒在近水平方向上同时受到由 MHD 效应带来的冲刷力、机械搅拌力和梯度磁场力。其中机械搅拌力方向与 MHD 方向相同，而梯度磁场力可以在一定程度上阻碍 Fe-Si 颗粒在阴极表面上逃逸。在 MHD 效应和机械搅拌力的作用下，Fe-Si 颗粒在阴极表面受液流的影响而沿着 MHD 冲刷力的方向排列，尤其是对 Fe-70％Si 颗粒在 8 T 时非常明显，如图 5-6 所示。

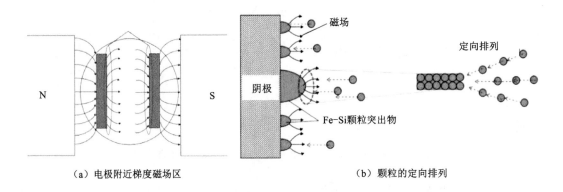

（a）电极附近梯度磁场区　　　　　　　　　（b）颗粒的定向排列

图 5-6　电极附近梯度磁场区以及颗粒的定向排列

对于纯 Si 颗粒而言，由于磁化率 χ 很低因而磁场梯度力忽略不计，所以这种定向排列并不明显。同时抗磁性颗粒（弱抗磁性 Si 颗粒）则有被排除在这些区域之外的趋势，可进一步改变电极附近颗粒的浓度。另外，也可以从颗粒的受力情况来分析，如图 5-7 所示。从正面看，Fe-Si 颗粒具有较强的导电性，使得水平方向的电流分量 I_x 与磁场相互作用，在颗粒两侧产生较强的洛伦兹力；从侧面上看，弯曲的电流线与磁场作用形成了一个偏向一侧的作用力,但是两个颗粒之间受到的侧向力 F_1 要明显弱于正向力 F_2。假设当一个较大的 Fe-Si 颗粒被固定在阴极表面后,在 MHD 效应下在较大 Fe-Si 颗粒或团聚颗粒后沿 MHD 流动方向上形成一个缓流区,在 MHD 传质作用下,镀液中其他颗粒以及镀层表面上小粒径 Fe-Si 颗粒具有向固定大颗粒或团聚颗粒侧后方迁移的趋势,从而导致 Fe-Si 颗粒定向排列的趋势[图 5-7(e)]。

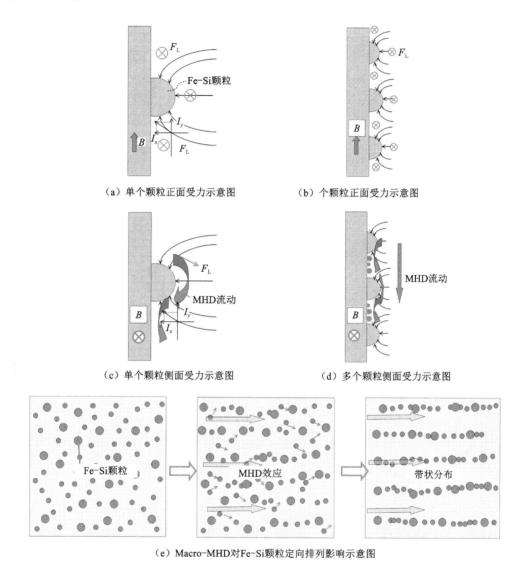

（a）单个颗粒正面受力示意图　　　　（b）个颗粒正面受力示意图

（c）单个颗粒侧面受力示意图　　　　（d）多个颗粒侧面受力示意图

（e）Macro-MHD对Fe-Si颗粒定向排列影响示意图

图 5-7　镀层条状突出物形成过程示意图

　　虽然垂直强磁场引起的宏观 MHD 效应对电镀液具有很好的搅拌作用,而且很多报道[100-102]表明这种 MHD 效应可以阻碍纳米颗粒在复合电镀液中的沉降,甚至可以完全替代机械搅拌。但是,对于微米级的颗粒,由于颗粒的重力较大,很容易沉降到电解槽底部而仅靠 MHD 效应引起的液流还不足以将电镀槽底部颗粒带回电镀液中,实际情况也是如此。因此,MHD 效应是不能完全替代微米级颗粒的复合电沉积过程中的机械搅拌的。

为了比较由洛伦兹力导致的 MHD 液流与机械搅拌力对 Fe-Si 镀层的影响,本章考察了 Fe-70%Si 颗粒在较低磁场强度和不同的搅拌速度下获得的镀层形貌以及 8 T 垂直磁场不同电流密度下的镀层表面形貌(图 5-8 和图 5-9)。由图 5-8 可知,在 0.5 T 和 1 T 磁场下没有出现条纹状突出物,即使加上较强的机械搅拌(200 r/min),说明机械搅拌对镀层上条纹状突出物的贡献有限。但是,当施加 8 T 磁场后,随着电流密度的增加,镀层表面条纹状突出物由开始的模糊状态变得清晰,继续增加电流密度,条状突出物又变模糊(图 5-9)。此时,磁场梯度 ∇B 和梯度磁场力 $F_{\nabla B}$ 在不同的电流密度下保持恒定,因此,MHD 效应是影响镀层表面形貌的主要因素。由公式 $F_L = I_0 \cdot B$ 可知,在较低的电流密度下,洛伦兹力较小,不足以导致镀层条纹状突出物的产生,随着电流密度的增加,F_L 增大引起强的 MHD 效应,从而导致镀层上条纹状突出物的出现。因此,可以推断,MHD 效应是镀层条纹状突出物产生的主要因素。

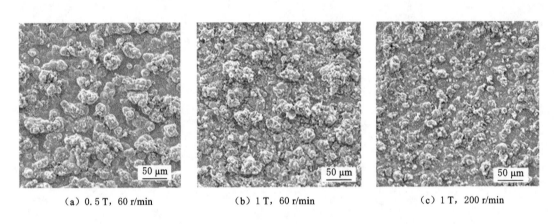

(a) 0.5 T, 60 r/min   (b) 1 T, 60 r/min   (c) 1 T, 200 r/min

图 5-8 采用 Fe-70%Si 颗粒在垂直磁场下电流密度为 2 A/dm² 时获得的镀层表面形貌图

在 8 T 磁场下复合电镀的过程中,当忽略机械搅拌对镀层表面产生的影响时,$F_{\nabla B}$ 可通过计算镀层上颗粒受到的溶液黏滞力(F_0)来估算其大小。根据 Stokes 公式:

$$F_0 = 6\pi\eta v r \tag{5-1}$$

式中 η 和 v 表示电镀液的黏度和电镀液的流动速度,r 表示施加颗粒的粒径。假定颗粒与阴极表面摩擦系数 1,则 $F_{\nabla B}$ 就约等于溶液的黏滞力 F_0。Fe-70%Si 颗粒的密度为 3.34 g/cm³,令 r、η 和 v 分别为 1.25 μm、100 μPa · s 和 6.28×10⁻³ m/s,计算得到 $F_{\nabla B}/mg$ 为 55.25。而 Fe-30%Si 和 Fe-50%Si 颗粒的磁化率要远大于 Fe-70%Si 颗粒,因此其具有更大的 $F_{\nabla B}$。但是,Si 颗粒属于弱抗磁性物质,因此其相应的 $F_{\nabla B}$ 很小,可以忽略不计。

同时,与上一章水平垂直磁场电镀相似,Fe-30%Si 颗粒具有较大的磁化率,在垂直强磁场下电镀时大量的 Fe-30%Si 颗粒被阳极所吸引,从而使电镀液损失相当一部分 Fe-30%Si 颗粒。所以,当磁场强度为 0.1~8 T 时,随着磁场强度的增加,由 Fe-30%Si 颗粒所获得的镀层硅含量降低,但变化量并不大,基本维持在 5.0%~7.0%。但是,采用 Fe-50%Si 和 Fe-70%Si 颗粒电镀所获得的镀层硅含量却显著增加了,这可能是由于其颗粒磁化率强度较为适中,在 0~8 T 磁感应强度内有利于颗粒的共沉积过程。

虽然在垂直强磁场下采用竖直电极、纯 Si 颗粒电镀时,镀层表面中间区域并没有出现

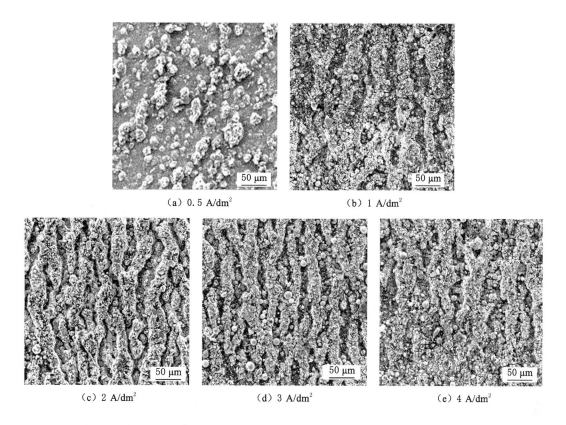

图 5-9　采用 Fe-70%Si 颗粒在 8 T 磁场、不同电流密度下获得的镀层表面形貌图

条纹状突出物,但在镀层边沿出现了与磁场方向垂直的"条纹"状突出物,而且随着磁感应强度的增加,边沿条状突出物开始增多增长,在 8 T 磁场下时长度能达到约 4 mm(图 5-10)。通过元素面分析发现这些条状突出物上有大量 Si 颗粒分布,而在条状物之间 Si 颗粒数量较少。经分析条状突出物延伸方向与 MHD 效应方向一致。

上一章讨论了由于电极的高软磁性能,在磁场下电镀时在铁质电极边沿部分存在较大的磁感应强度以及磁场梯度,因而此处的 MHD 效应应该变得比较强烈,在强磁场下可能诱导了这种条状突出物的产生。而在近电极边沿部分(镀层边沿与中间部分之间)也发现了少许条状突出物,而且发现在每个条状突出物上均能找到至少一个因析氢反应留下的近椭圆形的气孔[图 5-11(a)、(b)]。采用水平电极、4 T 平行强磁场下析氢反应生成的气孔为圆形,而采用垂直磁场、水平电极生成的气孔为椭圆形,椭圆的长轴方向与 MHD 流动方向一致[图 5-11(c)、(d)]。因此,可以推测这些条纹状突出物的生成与析氢反应生成的"气孔"与 MHD 流动行为有关。而且电极边沿由于具有较高磁感应强度,电流效率在较强磁感应强度下显著降低,析氢反应变得更加严重,影响了电流的二次排布,促进了大量条纹状突出物的生成[84,103]。

此外,也可以从受力的角度来分析条纹状突出物的形成过程(图 5-12)。当析氢反应开始时,微小气泡逐渐生长并合并成大气泡,而镀层表面上的气泡可以看成绝缘体,由于电流的二次分布,阴极表面的电流密度分布较大,加快了 Fe^{2+} 的放电还原速率[图 5-12(a)]。当

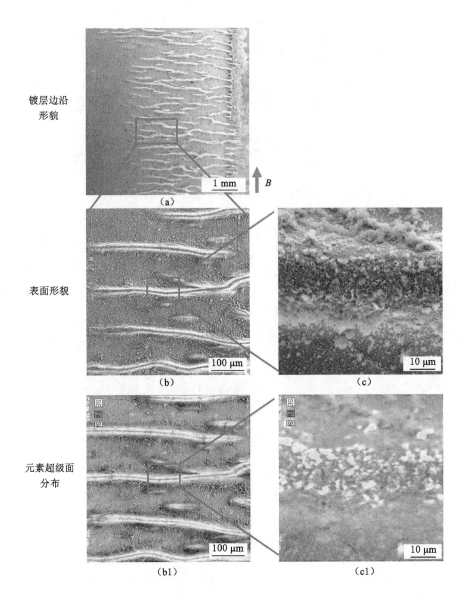

镀层边沿
形貌

表面形貌

元素超级面
分布

图 5-10　采用纯 Si 颗粒在 8 T 垂直磁场下获得的镀层边沿表面形貌及元素超级面分布

施加垂直磁场后,气泡在 MHD 效应下沿着 MHD 流动方向被拉长,而在气泡的侧后方 MHD 流动方向上由于气泡的阻挡形成一个镀液流动的缓流区,电流效率较高,Fe^{2+} 放电还原速度快,而且在此区域 Si 颗粒较容易停留下来,逐渐形成含 Si 颗粒较多的短条状物。当气泡长大脱离阴极表面后将会留下一个空洞,Si 颗粒也较容易迁移进空洞中或周围区域并停留,此时这个区域因在之前形成的条状物后方,也会形成一个缓流区。由于 Fe^{2+} 放电还原速度快,随着电镀过程的进行,这些短的条状物逐渐连接在一起形成了长条状物[图 5-12 (b)]。而在这些条状突出物之间由于 MHD 效应引起的较强冲刷作用使得 Si 颗粒较难以被放电金属原子所捕获。

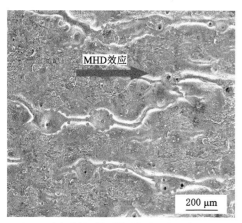

（a）4 T 垂直磁场下镀层边沿部分"条"状 SEM 图

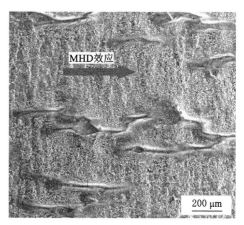

（b）8 T 垂直磁场下镀层边沿部分"条"状 SEM 图

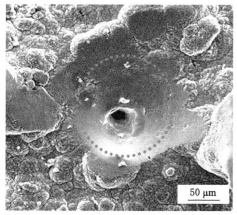

（c）采用水平电极无磁场下获得的镀层析氢空洞 SEM 图

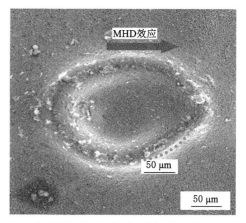

（d）1 T 水平垂直磁场下采用水平电极获得的析氢空洞图

图 5-11　采用纯 Si 颗粒获得的镀层边沿形貌及析氢空洞图

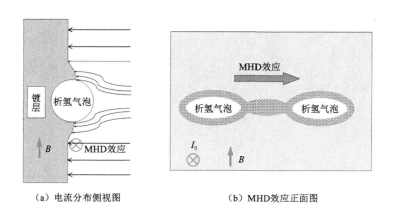

（a）电流分布侧视图　　　　　　　　（b）MHD 效应正面图

图 5-12　垂直强磁场析氢反应生成气泡后电流分布侧视图以及 MHD 效应正面图

5.2 平行强磁场对镀层形貌及硅含量的影响

采用水平电极电镀时,电流方向和磁场方向保持平行。图 5-13 表示在平行强磁场下获得的 Fe-Si 镀层表面形貌。与 1 T 竖直电极平行磁场下得到的结果相似,用水平电极在竖直强磁场下采用 Fe-30%Si、Fe-50%Si 和纯 Si 颗粒获得的镀层表面也出现很多"圆丘"状和"豆"状突出物,而对 Fe-70%Si 颗粒来说这种现象并不明显。通过元素面和横截面分析,对于 Fe-30%Si 和 Fe-50%Si 来说镀层表面"圆丘"状突出物含有大量的 Si 元素,应包含大量 Fe-Si 颗粒,但是对于纯 Si 颗粒来说镀层表面突出物其主要成分是铁元素,因此可以推断其为异常长大的铁晶粒。与 1 T 竖直电极平行磁场下得到的结果也有明显不同之处,虽然在电极基体与镀层之间出现了微裂纹,且在突出物之间颗粒的数目较少[参见图 5-14(b)中 1、2,(d)中 3、4],但是镀层厚度与无磁场下获得的相比却变薄了至少 5 μm。同时,随着磁感应强度的增加,镀层硅含量明显降低(图 5-15),这与 1 T 水平磁场竖直电极下得到的结果相反。

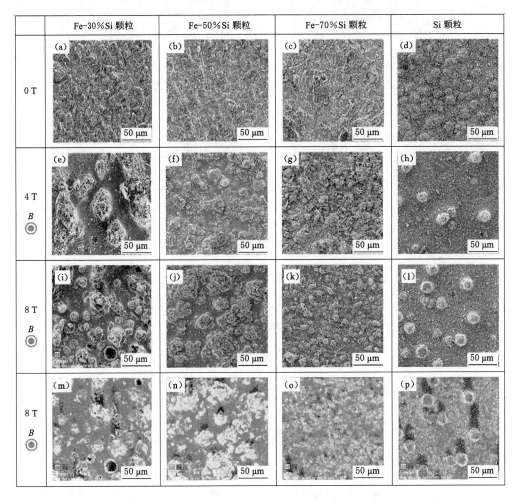

图 5-13　平行强磁场下采用 Fe-Si 颗粒和纯 Si 颗粒获得的镀层表面形貌及元素面分布图
注:o～p 是 i～l 的元素面分布,施加的电流密度和颗粒含量分别是 2 A/dm² 和 10 g/L

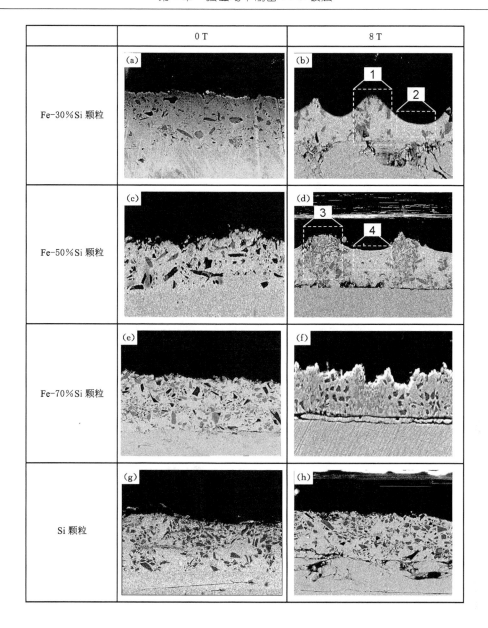

图 5-14　采用 Fe-Si 颗粒及纯 Si 颗粒在 0 T 和 8 T 平行磁场下获得的镀层横截面 BSE 图

　　与水平电极平行磁场讨论相似,只是竖直电极变为水平电极,磁场方向也由水平方向变为竖直向上。当 Fe-Si 颗粒或纯 Si 颗粒在阴极表面共沉积后,电解电流将会在颗粒前发生扭曲。由于 Fe-Si 颗粒是导电的,电解电流直接到达颗粒表面,而由于纯 Si 颗粒的难导电性,电解电流将会绕过颗粒表面而到达阴极表面[图 5-16(a)、(b)]。此时,电流将会产生两个分量:平行于磁场方向 I_r 和垂直于磁场的分量 I_z[图 5-16(c)、(d)]。与磁场垂直的电流分量与磁场交互作用,在 Fe-Si 颗粒的前面产生一个逆时针方向的小涡流,而在 Si 颗粒前产生一个顺时针方向的小涡流[图 5-16(e)、(f)]。同时,镀层上的 Fe-Si 颗粒对阴极附近电镀液中的颗粒也存在梯度磁场力(F_{VB}),在受到上述微观 MHD 效应下,镀层上 Fe-Si 颗粒逐渐演变成了"圆丘状"突出

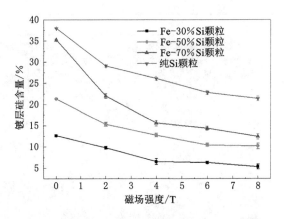

图 5-15 采用 Fe-Si 颗粒和纯 Si 颗粒在平行强磁场下获得的镀层硅含量图

物。而且此时施加的磁场强度高,形成强的微观 MHD 效应,引起溶液波动,使得镀层颗粒不容易进入镀层,从而使得镀层硅含量随着磁感应强度的增高而显著降低。

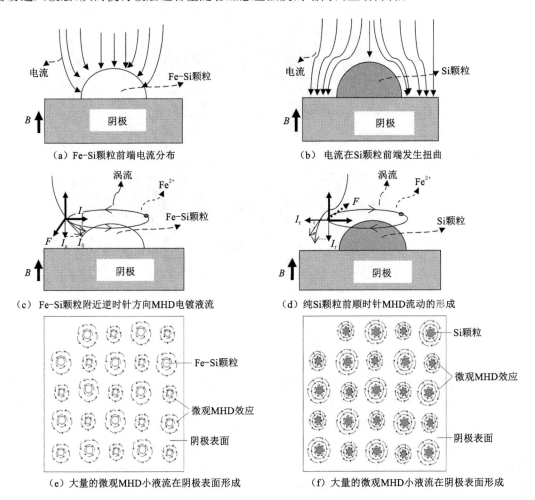

（a）Fe-Si 颗粒前端电流分布　　　　　（b）电流在 Si 颗粒前端发生扭曲

（c）Fe-Si 颗粒附近逆时针方向 MHD 电镀液流　　（d）纯 Si 颗粒前顺时针 MHD 流动的形成

（e）大量的微观 MHD 小液流在阴极表面形成　　（f）大量的微观 MHD 小液流在阴极表面形成

图 5-16 平行磁场下 MHD 效应示意图

对于纯 Si 颗粒,与竖直电极平行较弱磁场下获得的镀层相似,采用水平电极竖直平行磁场获得的镀层出现许多突起的粒径约 $20\ \mu m$ 的"豆"状铁质晶粒。但即使在竖直垂直强磁场下电镀时也未出现这种"豆"状晶粒。周等[95,104-105]指出,如果阴极周围表面及附近出现一个梯度磁场(∇B),会对弱抗磁性阳离子具有排斥力而对磁性(或顺磁性)阳离子具有梯度磁场力($F_{\nabla B}$):

$$F_{\nabla B} = \mu_0 - 1 \cdot x_{sol} \cdot B \cdot \nabla B$$

$$其中\ x_{sol} = \sum x_i^m \cdot c_i \tag{5-2}$$

式中,μ_0 表示真空磁导率,χ_{sol} 表示所有阳离子的磁化率,χ_i^m 表示单种阳离子的摩尔磁化率,c_i 表示离子 i 在溶液中的浓度。施加磁场后,顺磁性 Fe^{2+} 放电还原生成的铁晶粒可能具有沿着磁场方向长大的趋势。这可能是引起纯 Si 颗粒镀层表面出现"豆状"铁晶粒的又一重要原因。

5.3　强磁场下电流密度对镀层硅含量的影响

由前面实验可知电流与磁场的交互作用对 Fe-Si 复合电沉积具有非常显著的促进作用,因此有必要进一步考察电流密度在强磁场下对镀层硅含量变化所产生的贡献。图 5-17 表示在 8 T 磁场下镀层硅含量随着电流密度的变化趋势图。当采用竖直电极时,与无磁场或水平弱垂直磁场相似,施加 8 T 垂直磁场后,镀层硅含量均出现先增加后降低的趋势,当电流密度为 $2\ A/dm^2$ 时,Fe-Si 颗粒和纯 Si 颗粒复合镀获得的镀层硅含量达到最大值,进一步增加电流密度,镀层硅含量明显降低。但是,采用水平电极电镀时,镀层硅含量却随着电流密度的增加而降低。

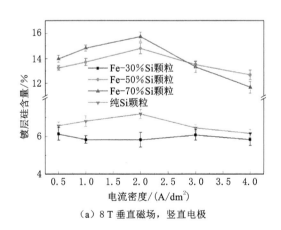
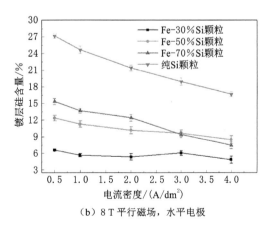

（a）8 T 垂直磁场,竖直电极　　　　（b）8 T 平行磁场,水平电极

图 5-17　Fe-Si 和纯 Si 颗粒在电流密度 0.5～4 A/dm^2 下采用竖直电极、8 T 垂直磁场和采用水平电极、8 T 平行磁场下的硅含量趋势图

当磁感应强度稳定在 8 T 而改变电流密度时,电极附近的磁场梯度 ∇B 保持不变,因而梯度磁场力不变。由洛伦兹力引起的 MHD 效应以及由析氢反应造成的电镀液的扰动均会随着电流密度的增加而增强。当施加 8 T 平行磁场后,镀层硅含量随着电流密度的增加而

降低。这可能是由于析氢反应的加重以及较强的微观 MHD 效应造成的溶液波动使得颗粒较难以被放电铁原子捕获。

5.4　磁场对阴极电流效率的影响

采用竖直强磁场电镀时阴极电流效率与弱磁场下情况基本一致，如图 5-18 所示，随着磁场强度的增加，阴极电流效率降低，但当磁感应强度大于 6 T 后，阴极电流效率下降趋于稳定。

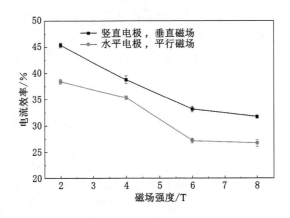

图 5-18　竖直强磁场对阴极电流效率的影响（电流密度为 2 A/dm²）

施加磁场后，由于 MHD 效应显著增强了阴极附近溶液的传质作用，降低分散层厚度，阴极附近浓差极化显著降低而更有利于 H^+ 的放电，从而降低了电流效率，这与 Matsushima 等[84]的研究结果相一致。5.2 节实验结果发现 8 T 平行磁场下获得镀层明显变薄，一方面可能是镀层颗粒数减少所引起的，另一方面阴极电流效率的降低也能降低镀层厚度。由前面的章节分析可知，施加垂直磁场产生的 MHD 效应要显著大于平行磁场诱导的微观 MHD 效应。再者，采用竖直电极电镀时，竖直向上的溶液自然对流以及析氢反应导致的一个竖直向上的溶液扰动也会在一定程度上比水平电极更有利改善阴极附近的传质作用。所以，无论强磁场还是弱磁场，均出现采用垂直磁场电镀比采用水平电极电镀的阴极电流效率更低，而且采用竖直电极电镀的阴极电流效率比采用水平电极电镀的低。但是，当磁感应强度增加到 6 T 及以上后，电流效率下降并不明显，说明在小于 6 T 时扩散传质过程影响 Fe^{2+} 的放电过程，当磁场强度大于 6 T 后，Fe^{2+} 的放电过程是控制 Fe^{2+} 电沉积的步骤。

5.5　颗粒在磁场中受到的电磁力的计算

在电镀过程中，当磁场强度比较大时，Fe-Si 颗粒受到的电磁力也需考虑。当一定的电流密度 I_0 穿过较强导电性的 Fe-Si 颗粒时，Fe-Si 颗粒受到的电磁力 F_{EM} 可以表示为：

$$F_{EM} = I_0 B V \tag{5-3}$$

式中 V 表示颗粒体积，电流密度 I_0 与磁感应强度 B 为差乘关系。图 5-19 表示 Fe-Si 颗粒及纯 Si 颗粒附近电流分布以及在垂直磁场下受到的电磁力图。

假设当磁感应强度为 8 T 时，经过 Fe-Si 颗粒的电流密度为 2 A/dm²，那么通过计算颗

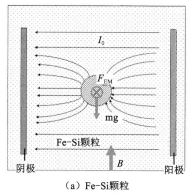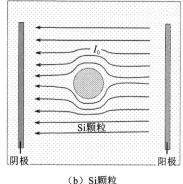

（a）Fe-Si 颗粒　　　　　　　　　　　（b）Si 颗粒

图 5-19　垂直磁场下电沉积过程中 Fe-Si 颗粒以及纯 Si 颗粒附近电流分布和
受到的电磁力图

粒受到的电磁力与重力之比（R）得到 Fe-30％Si、Fe-50％Si 和 Fe-70％Si 颗粒的 R 分别为 0.026、0.035 和 0.049。由于施加的 Fe-Si 颗粒的导电性要远高于电镀液，在电镀过程中，经过 Fe-Si 颗粒的电流密度可能要显著高于施加的电流密度，这可能会对复合电沉积过程中 Fe-Si 颗粒的迁移行为以及进入镀层的复合过程起到一定的作用，但是对于 Fe-Si 颗粒受到的 MHD 冲击力以及梯度磁场力来说颗粒受到的电磁力较小，仍可忽略不计。而由于 Si 颗粒的难导电性，穿过颗粒的电流密度很小，因此受到的电磁力也就更小。

5.6　磁感应强度对镀层结构的影响

图 5-20 表示在施加平行磁场条件下磁感应强度对复合镀层表面 XRD 图谱的影响。由图可知，在 Fe-Si 镀层 XRD 图谱上出现一些"杂峰"，经分析为施加颗粒的特征峰，并且施加磁场后，这些"杂峰"变得更加明显，说明大量颗粒进入镀层中。而且采用四种颗粒获得的 XRD 图谱均显示镀层铁基质是沿（110）晶面择优取向的。这一方面可能是由于颗粒的加入，颗粒在沉积过程中吸附在阴极表面，阻碍了金属晶体的择优取向生长；另一方面可能是由于镀层厚度较薄，还没有脱离外延生长模式。

为了更精确地找出磁感应强度以及颗粒类型对晶面取向的变化，此处引入晶面取向因子计算公式：

$$M(hkl) = \frac{\dfrac{I(hkl)}{\sum I(hkl)}}{\dfrac{I_0(hkl)}{\sum I_0(hkl)}} \tag{5-4}$$

式中 $M(hkl)$ 为（hkl）晶面取向度；$I(hkl)$ 和 $I_0(hkl)$ 分别为试样和相应标准 XRD 卡片晶面的衍射强度。对于一个晶体而言，（hkl）晶面和＜hkl＞晶向是相互垂直的关系，因此对于一个平面，（100）晶面的取向度也可以看成是和该平面所垂直的方向上＜100＞晶向的取向度。在本实验中，可以利用这种关系把从 XRD 图谱中得到的晶面取向度转化成相对应的晶向的取向度。根据式（5-4），对 0～6 T 平行磁场下 Fe-Si 镀层在垂直磁场面的{100}晶

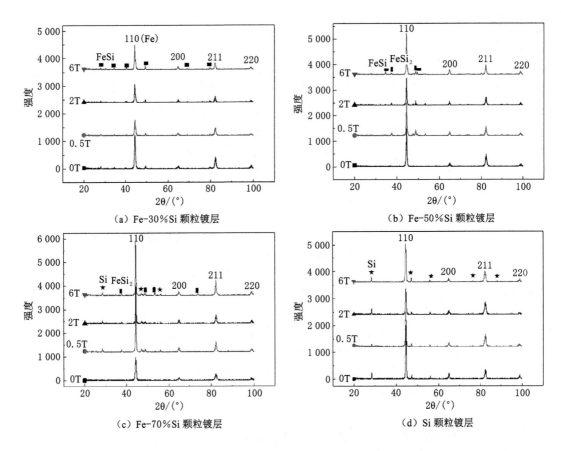

图 5-20 0～6 T 平行磁场下磁感应强度对采用不同类型 Fe-Si 颗粒和纯 Si 颗粒获得的
镀层表面 XRD 图谱的影响

面取向度 $M\{100\}$ 也就是 $M(200)$ 进行计算,结果如图 5-21 所示。由图可知,随着磁感应强度的增加,采用低硅含量的 Fe-Si 颗粒(Fe-30％Si 颗粒和 Fe-50％Si 颗粒)获得的镀层在 $\{100\}$ 面的取向度 $M\{100\}$ 均出现先增大后降低的趋势,而采用 Fe-70％Si 颗粒与纯 Si 颗粒获得的镀层在 $\{100\}$ 面的取向度 $M\{100\}$ 随着磁感应强度的增加总体上出现下降的趋势。

由于铁和 Fe-Si 颗粒是软磁性能材料,铁晶粒沿 <100> 方向磁化的磁各向异性能最低。根据 J. A. Szpunar[106],在电沉积的过程中,<100> 方向平行于磁场方向的晶粒,其较低的磁各向异性能作为额外的晶界迁移驱动力,促使该取向晶粒的总面积增加,从而使镀层表面结构形成一定的取向度。随着磁感应强度的增大,采用 Fe-30％Si 和 Fe-50％Si 颗粒获得的镀层具有向 <100> 方向生长的趋势,在约 2 T 时达到最大值。但是,当磁感应强度进一步增强,<100> 方向取向度出现下降的趋势。S. Yoshihara[107-108] 等认为电沉积铁在磁场下择优取向还跟氢氧化物以及氢气等物质的吸附有关。随着磁感应强度的增加,阴极表面 MHD 效应会显著改变镀层表面状态从而影响到铁(100)晶面的择优取向生长过程。同时,低硅含量 Fe-Si 颗粒具有较强铁磁性和强导电性,Fe^{2+} 在 Fe-Si 颗粒的晶面上放电还原时可能还具有较强的择优取向性。而对于 Fe-70％Si 颗粒和纯 Si 颗粒,由于其性质与 Fe-30％Si 颗粒及 Fe-50％Si 颗粒显著不同,Fe-70％Si 颗粒显弱导电性、弱铁磁性,Si 颗粒显难导电

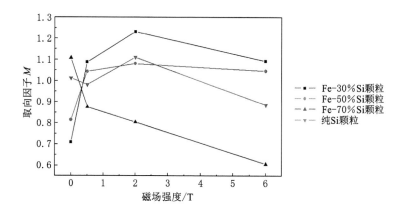

图 5-21　0~6 T 平行磁场下磁感应强度对不同颗粒镀层垂直于磁场面{100}晶面的取向因子的影响

性、弱抗磁性,Fe^{2+} 只能在 Si 颗粒镀层基体表面上放电还原,这可能会影响到镀层晶面的生长过程,造成沿<100>方向取向度减弱。而在沿<110>方向和沿<211>方向上,在较高磁感应强度下采用不同颗粒获得的取向因子的差别则具有减小的趋势,如图 5-22 所示。

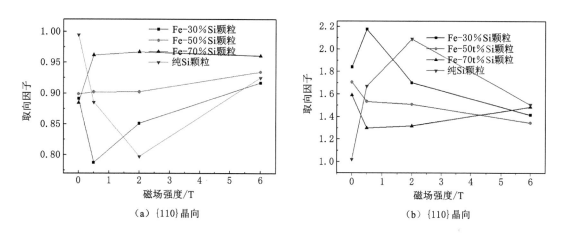

（a）{110}晶向　　　　　　　　　（b）{110}晶向

图 5-22　0~6 T 平行磁场下磁感应强度对 Fe-Si 颗粒镀层及纯 Si 颗粒镀层垂直于
磁场面的{110}晶面以及{211}晶面的取向因子的影响

　　图 5-23 和图 5-24 表示在施加垂直磁场条件下磁感应强度对复合镀层 XRD 图谱以及镀层{100}晶面取向度 M{100}的影响。由图可知,只有采用 Fe-30％Si 颗粒获得的镀层表面{100}晶面取向度 M{100}随着磁感应强度的增加而增加,而其他类型颗粒{100}晶面取向度 M{100}随磁感应强度的变化规律并不明显。磁场下电沉积法制备的镀层晶面取向不仅与施加磁场方向有关,还与 MHD 效应的强度有关[107-108]。在垂直磁场下,电流与磁场的交互作用产生的宏观 MHD 效应比较强烈,引起的传质效应会显著改变镀层表面性质从而影响到镀层表面晶面择优取向。与平行磁场下电镀获得的取向因子结果相似,在沿<110>方向和沿<211>方向上,在较高垂直磁感应强度下采用不同颗粒获得的取向因子的差别也具有减小的趋势(图 5-25)。

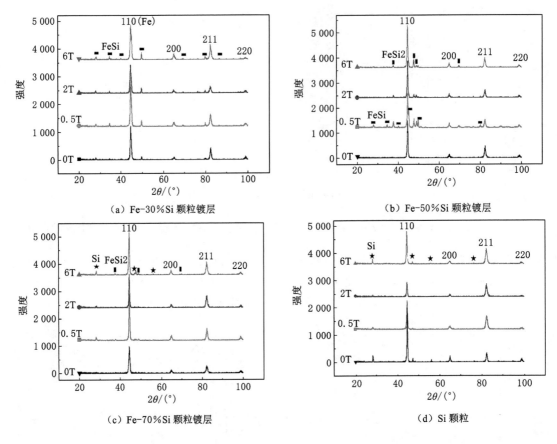

（a）Fe-30%Si 颗粒镀层 （b）Fe-50%Si 颗粒镀层

（c）Fe-70%Si 颗粒镀层 （d）Si 颗粒

图 5-23　0～6 T 垂直磁场下磁感应强度对不同 Fe-Si 颗粒镀层及纯 Si 颗粒镀层 XRD 图谱的影响

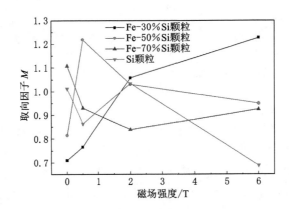

图 5-24　0～6 T 垂直磁场下磁感应强度对 Fe-Si 颗粒镀层及纯 Si 颗粒镀层平行于磁场面
的⟨100⟩晶面的取向因子的影响

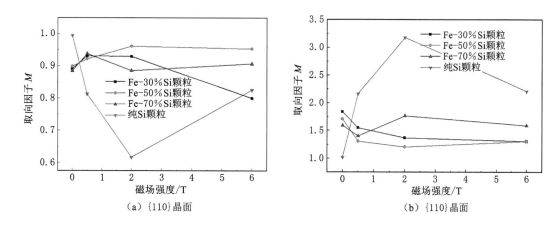

图 5-25　0～6 T 垂直磁场下磁感应强度对不同颗粒镀层平行于磁场面的{110}晶面
以及{211}晶面的取向因子的影响

5.7　本章小结

本章通过在强磁场中研究磁场方向和电流密度对镀层形貌、镀层结构、成分组成以及阴极电流效率等方面的影响,并分析其中形成机理得出如下主要结论:

(1)采用竖直电极垂直强磁场电镀时,采用 Fe-Si 颗粒获得的镀层出现了很多条纹状突出物,其主要由 Fe-Si 颗粒所组成,而采用纯 Si 颗粒获得的镀层并未出现明显的条纹状结构。

(2)施加垂直强磁场后,采用 Fe-50％Si 和 Fe-70％Si 颗粒获得的镀层硅含量随着磁感应强度的增加而增加,但对 Fe-30％Si 和纯 Si 颗粒而言,镀层硅含量基本维持在 4％～7％左右。

(3)与弱平行磁场相似,采用水平电极平行强磁场电镀时,采用 Fe-30％Si 和 Fe-50％Si 颗粒获得的镀层出现"圆丘状"突出物;而采用 Fe-70％Si 颗粒获得的镀层表面并不明显;采用纯 Si 颗粒获得的镀层表面也出现铁质"豆状"突出物。

(4)施加平行强磁场后,随着磁感应强度的增加,采用 Fe-30％Si、Fe-50％Si、Fe-70％Si 和纯 Si 颗粒获得的镀层硅含量均随着磁感应强度的增加而降低。

(5)在 8 T 垂直磁场下,随着电流密度的增加镀层中硅含量先增加后降低,当电流密度为 2 A/dm² 时;当采用 8 T 平行磁场时,镀层硅含量随着电流密度的增加而降低。

(6)通过 XRD 分析发现,采用 Fe-Si 颗粒在 2 T 以下平行磁场电镀获得的镀层表面在平行于磁场方向上<100>晶向的取向度提高。这是由于作为易磁化轴方向,沿<100>方向磁化的磁各向异性能最低,因此在电沉积的过程中,<100>方向平行于磁场方向的晶粒,其较低的磁各向异性能作为额外的晶界迁移驱动力,促使该取向晶粒的总面积增加,从而使硅钢的结构形成一定的取向度。但是,进一步增加磁场,<100>晶向的取向度降低,这主要是 MHD 引起的传质效应造成的。

第6章　磁场下电化学研究电沉积铁过程

前面的实验结果表明,磁场对 Fe-Si 颗粒和纯 Si 颗粒的电沉积过程具有显著的影响。然而,目前磁场对电沉积过程的影响机理尚不完全清楚,因此有必要用电化学分析方法详细研究磁场对电沉积过程的影响机制。颗粒的共电沉积过程是一个较为复杂的电结晶过程,主要过程包括:

(1)分散在电镀槽中的颗粒在对流作用下被带到阴极扩散边界层。这一步骤主要取决于镀液的传质强度和传质方式,以及电极的排布方式和形状。

(2)粒子通过镀液的扩散和电场力作用通过双电层边界,到达电极表面并黏附在阴极表面上。所有影响颗粒与阴极相互作用的因素都会对两者之间的黏附力产生影响,这不仅与电极和颗粒的特性有关,而且与电镀液的组分、特性和电镀条件有关。

(3)颗粒逐渐被从阴极析出的金属原子所包覆。附着在电极上的颗粒必须在被电沉积金属完全捕获之前需要保持一定时间。因此,这一步骤不仅与颗粒的黏附作用有关,而且与溶液的流动对附在阴极上的颗粒的影响以及金属离子自身电沉积的速度有关。

在电沉积过程中,上述步骤是连续不断进行的,整个系统的沉积速率是受其中最慢步骤所控制的。虽然上述复合镀层的形成步骤已经得到了国内外研究者的认可,但问题的实质(尤其是第二个步骤)仍需要进一步研究。需要指出的是,颗粒进入复合层的原因是颗粒与流体动力场、电场、电镀液浓度场和金属晶体生长表面的极其复杂的相互作用的结果。虫明克彦等[109]认为虽然影响镀层中颗粒共沉积过程的因素很多,但最重要的因素应该是电镀液中颗粒浓度以及溶液与电极之间的相对移动速度。考虑到使用微米微粒进行电镀,微粒在阴极表面的吸附和分离对电化学过程具有较大的影响。同时,前面章节的实验结果表明,磁场对易磁化铁硅颗粒的共沉积过程有很大的影响。在电镀过程中,阴极表面的磁性颗粒的聚集将严重影响阴极表面的状态,如阴极表面的电流分布、阴极的放电面积以及溶液的流动状态。特别是在平行磁场中,"针状突起物"的出现导致测试重复性差。

因此,本书采用电化学工作站来研究纯铁电镀,从侧面考察和分析磁场对铁电沉积过程的影响,从而分析磁场对 Fe-Si 复合电沉积过程的影响机制。到目前为止,关于磁场下电化学研究还很少,涉及铁的电化学研究更少。本书采用极化曲线法、循环伏安法、计时电流法和交流阻抗法探讨磁场对纯铁电沉积过程的影响机制,为磁场对 Fe-Si 复合电沉积过程的影响分析奠定一定基础。

6.1　复合电沉积过程理论基础

6.1.1　复合电沉积放电过程

在复合电沉积过程中,当所施加的粒子为导电的 Fe-Si 粒子时,当粒子到达阴极表面并接触时,金属 Fe^{2+} 将在粒子表面和阴极表面上进行;当粒子为难以导电 Si 颗粒时,即使当颗粒与阴极接触时,Fe^{2+} 在颗粒表面难以完成放电过程。因此,Fe^{2+} 放电过程主要包括:① Fe^{2+} 从溶液向电极表面的迁移。Fe^{2+} 可以通过两种方式到达阴极,一种是通过自然对流传质直接到达阴极,另一种是 Fe^{2+} 被吸附在粒子表面并与粒子一起到达阴极表面;② 在电场作用下,在 Helmholtz 层上的 Fe^{2+} 或吸附在颗粒(Fe-Si 颗粒或纯 Si 颗粒)表面的 Fe^{2+} 向内 Helmholtz 层迁移,并去溶剂化;③ Fe^{2+} 的溶剂化接受电极表面的电子以形成吸附原子;④ 吸附原子在阴极表面扩散、聚集、成核、生长,最终沉积在基体上。施加磁场后,在电沉积过程中由于磁场与电流交互作用,产生的 MHD 效应将加强镀液的传质行为,从而将导致分散层的厚度和镀液的浓度梯度减小(图 6-1),进而影响到 Fe^{2+} 的放电过程。

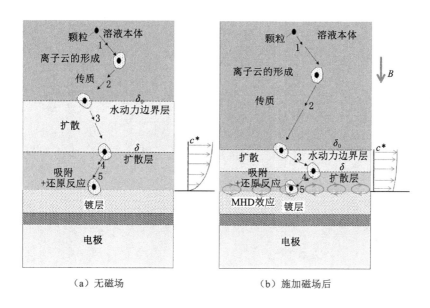

（a）无磁场　　　　　　　　　（b）施加磁场后

图 6-1　MHD 效应对双电层的影响

6.1.2　金属沉积过程的电化学反应

在镀液中加入纯 Si 粒子时,虽然溶液中的离子可能吸附在粒子表面,而镀液中的其他离子也可能被颗粒表面的不饱和离子吸附,但不会发生明显的电化学反应。但是,在镀液中加入 Fe-Si 颗粒时,由于氧化反应,Fe-Si 颗粒表面可能会形成一些氧化铁,酸性电镀液(pH 约为 1.5)对 Fe-Si 颗粒的表面可能会产生一定的活化作用。在复合电沉积过程中,Fe^{2+} 放电还原以及析氢反应仍为阴极表面发生的主要平衡还原反应:

$$Fe^{2+} + 2e \Longleftrightarrow Fe \cdots\cdots \varphi^{\ominus} = -0.44 \text{ V vs. NHE} \tag{6-1}$$

$$H^+ + 2e \Longrightarrow H_2 \cdots\cdots \varphi^\ominus = 0 \text{ V vs. NHE} \tag{6-2}$$

NHE 表示标准氢电极(Normal Hydrogen Electrode)。从热力学角度看,液体中金属离子发生还原反应的条件为:溶液中金属离子的电位应低于金属离子的平衡还原反应电位,即:

$$E_M^\ominus > E_M \tag{6-3}$$

其中,E_M^θ 为金属离子还原反应的平衡电位;E_M 为金属离子还原反应的电位。

Fe^{2+} 还原为金属铁的标准平衡电位为 -0.44 V,因此铁的电沉积需要满足 $E_{Fe} < -0.44$ V。但是,在实际实验条件下,金属离子还原反应的实际平衡电位可能偏离标准平衡电极电位,与电镀液的温度、离子浓度以及 pH 等因素有关。因此,应根据具体的实验条件进行适当的修正。例如,在铁电镀中,镀液温度一般控制在 $20 \sim 90$ ℃之间,因此,有必要根据相关的热力学数据进行计算。对于电极反应,采用 Nernst 公式表示,该公式将电极电位与反应物的体积浓度联系起来,对于反应:

$$aA + bB \Longrightarrow pP + qQ \tag{6-4}$$

该反应的标准反应自由能可通过式(6-5)计算获得:

$$\Delta G_T^\ominus = pG_P^\ominus + qG_Q^\ominus - (aG_A^\ominus + bG_B^\ominus) \tag{6-5}$$

如果反应中存在电子转移,电极电位与标准反应自由能之间的关系可用式(6-6)及(6-7)计算:

$$E_T^\ominus = \frac{-G_T^\ominus}{nF} \tag{6-6}$$

Nernst 公式为:

$$E_T = E_T^\ominus - \frac{2.303RT}{nF} \lg \frac{[P]_{aq}^p [Q]_{aq}^q}{[A]_{aq}^a [B]_{aq}^b} \tag{6-7}$$

当反应中没有电子转移时,反应平衡常数与标准反应自由能间的关系可采用式(6-8)计算:

$$\lg K = -\frac{\Delta G_T^0}{2.303RT} = \lg \frac{[P]_{aq}^p [Q]_{aq}^q}{[A]_{aq}^a [B]_{aq}^b} \tag{6-8}$$

其中,$E_T^\ominus$ 为标准电极电位,V;E_T 为平衡电极电位,V;T 为热力学温度,K;R 为摩尔气体常数,8.314 J/mol·K;n 为转移电子数;F 为法拉第常数,9.65×10^4 J/mol。因此,不难计算出镀液中 Fe^{2+} 和 H^+ 还原反应的平衡电位。当溶液中 Fe^{2+} 离子浓度为 1.05 mol/L,且镀液温度保持在 25 ℃,pH 为 1.5 时,系统中 Fe^{2+} 离子平衡电位可以表示为:

$$E_{Fe^{2+}/Fe}(\text{NHE}) = -0.439 + \frac{0.059}{2} \lg(1.05) = -0.438(\text{V}) \tag{6-9}$$

H^+ 离子在体系中的平衡电位为:

$$E_{H^+/H}(\text{NHE}) = 0 - \frac{0.059}{1} \text{pH} = -0.088\,5(\text{V}) \tag{6-10}$$

式(6-9)和式(6-10)相对于饱和甘汞电极的相对电位分别为:

$$E_{Fe^{2+}/Fe}(\text{SCE}) = E_{Fe^{2+}/Fe}(\text{NHE}) - E_{Hg^+/Hg} = -0.438 - 0.244 = -0.682(\text{V}) \tag{6-11}$$

$$E_{H^+/H}(\text{SCE}) = E_{H^+/H}(\text{NHE}) - E_{Hg^+/Hg} = -0.088\,5 - 0.244 = -0.332\,5(\text{V}) \tag{6-12}$$

式(6-11)和式(6-12)表明 Fe^{2+} 的沉淀电位比 H^+ 的还原电位更负,导致析氢反应更为严重。同时,随着电流增大,过电位越大,析氢反应将会越严重。但需要注意的是,上述计算

并未考虑离子与其他因素之间的平衡关系。在电沉积过程中,金属离子的放电反应和析氢反应同时发生,主要反应如下:

$$Fe^{2+} + 2e = Fe \tag{6-13}$$

同时还可能产生析氢副反应:

$$2H^+ + 2e = H_2 \tag{6-14}$$

$$O_2 + 4H^+ + 4e = 2H_2O \tag{6-15}$$

$$2H^*_{ads} = H_2 \tag{6-16}$$

同时,随着电沉积过程的不断进行,阴极附近 H^+ 不断消耗,导致 pH 值不断增加,还可能导致其他反应的发生,如:

$$Fe(OH)_2 + 2H^+ + 2e = Fe + 2H_2O \tag{6-17}$$

$$Fe(OH)_3 + H^+ + e = Fe(OH)_2 + H_2O \tag{6-18}$$

$$Fe(OH)_3 + e = HFeO_2^- + H_2O \tag{6-19}$$

$$Fe(OH)_3 + 3H^+ + e = Fe^{2+} + 3H_2O \tag{6-20}$$

$$Fe(OH)_3 + 3H^+ + e = Fe^{2+} + 3H_2O \tag{6-21}$$

$$Fe^{3+} + e = Fe^{2+} \tag{6-22}$$

$$Fe^{2+} + 2H_2O = Fe(OH)_2 + 2H^+ \tag{6-23}$$

$$Fe(OH)_2 = HFeO_2^- + H^+ \tag{6-24}$$

$$Fe(OH)_3 + 3H^+ = Fe^{3+} + 3H_2O \tag{6-25}$$

$$HFeO_2^- + 3H^+ + 2e = Fe + 2H_2O \tag{6-26}$$

根据式(6-5)、式(6-6)、式(6-7)、式(6-8),可计算得到相应的 E-pH 方程,参见表 6-1。

表 6-1　Fe-H₂O 系中存在的还原反应及其对应的 E-pH 方程式(25 ℃)

序号	反应式	$\Delta G_T^{\ominus}$	$E_T^{\ominus}$ 或 lg K	E-pH 方程式
1	$Fe^2 + 2e = Fe$	18.851	−0.439	$E_T = 0.439 + 0.029\ 5\lg[Fe^{2+}]$
2	$Fe(OH)_3 + 2H^+ + 2e = Fe + 2H_2O$	4.223	−0.091 6	$E_T = 0.091\ 6 − 0.059pH$
3	$Fe(OH)_3 + H^+ + e = Fe(OH)_2 + H_2O$	−7.805	0.338 5	$E_T = 0.338\ 5 − 0.059pH$
4	$Fe(OH)_3 + e = HFeO_2^- + H_2O$	19.219	−0.833 4	$E_T = −0.833\ 4 − 0.059\lg[HFeO_2^-]$
5	$Fe(OH)_3 + 3H^+ + e = Fe^{2+} + 3H_2O$	−22.433	0.972 8	$E_T = 0.972\ 8 − 0.177\ 1pH − 0.059\lg[Fe^{2+}]$
6	$Fe^{3+} + e = Fe^{2+}$	−17.749	0.769 7	$E_T = 0.769\ 7 − 0.059\lg[Fe^{2+}]/[Fe^{3+}]$
7	$Fe^{2+} + 2H_2O = Fe(OH)_2 + 2H^+$	14.628	−10.727 0	$E_T = 5.363\ 5 − 0.5\lg[Fe^{2+}]$
8	$Fe(OH)_3 = HFeO_2^- + H^+$	27.024	−19.817 2	$E_T = 19.817\ 2 + \lg[HFeO_2^-]$
9	$Fe(OH)_3 + 3H^+ = Fe^{3+} + 3H_2O$	−4.684	3.434 9	$pH = 1.145\ 0 − 0.333\lg[Fe^{3+}]$
10	$HFeO_2 + 3H^+ + 2e = Fe + 2H_2O$	−22.801	0.494 4	$E_T = 0.494\ 4 − 0.088\ 5pH + 0.029\ 5\lg[HFeO_2^-]$
11	$2H^+ + 2e = H_2$	0	0	$E_T = 0 − 0.059\ 0pH − 0.029\ 5\lg P_{H_2}$
12	$O_2 + 4H^+ + 4e = 2H_2O$	−113.38	1.229 2	$E_T = 1.229\ 2 − 0.059\ 0pH + 0.014\ 8\lg P_{O_2}$

在氯化-硫酸亚铁电镀液体系中,Fe^{2+} 只在较低的 pH 值范围内才能稳定存在。随着电

解过程的进行,由于析氢反应消耗大量的 H^+,若电镀液中的离子扩散作用不够强,阴极附近的 pH 值将会迅速增加,会导致絮状氧化物如 $Fe(OH)_2$ 和 $Fe(OH)_3$ 的形成,其可能会被夹杂进入镀层或阻碍镀液中离子的传质行为,从而影响镀层的质量。当将颗粒加入上述硫酸亚铁镀液中时,由于吸附和静电作用,镀液中的阳离子附着在 Fe-Si 颗粒或纯 Si 颗粒的表面,形成双电层,并与镀液中的颗粒一起迁移。由于离子的结构和尺寸的不同,颗粒表面离子的吸附程度也不同。水合氢物离子半径小,两个水分子不对称,呈极性偶极子,有利于其在颗粒表面的吸附。施加磁场后,MHD 效应促进溶液的传质行为,阴极附近的 pH 值不至于过度增加,从而抑制了铁的氧化物的生成等反应,同时还会促进复合电沉积过程中粒子向阴极表面的迁移。

6.1.3 复合沉积的结晶形核过程

当阴极金属离子开始电结晶时,核率和形核数取决于离子的过电位大小,涉及二维或三维形核模式。直接在电极表面形成核为圆盘状二维核、半球形三维核和锥形三维核等形核模式。采用恒电位阶跃法可以研究不同电位下电沉积过程的电流-时间暂态曲线。可以从获得的相应测试数据来阐述和分析金属离子电结晶形成纳米晶的一些机制。Erdey Gyuz 等在 1930 年就提出了相应二维或三维核形成的电结晶动力学方程:

$$\lg i = A - \frac{B}{\eta_c} \quad （二维成核） \tag{6-27}$$

$$\lg i = A' - \frac{B'}{\eta_c^2} \quad （三维成核） \tag{6-28}$$

Budeviski 等成功地制备出表面位错很少的银单晶电极,证实了二维成核的生长机理。根据 Kossel 理论(图 6-2),当金属离子在电镀溶液中从 a 位置迁移到晶体平面 b 位置,然后放电还原形成吸附原子,新形成的金属原子倾向于迁移至成键数最多的位置。因此,d"纽结点"位置将是新原子结合的最有利位置,理论上分析原子在此处结晶的能量正好是晶体内任何原子结合时析出能量的一半,即所谓的"半晶体位置"。其次是原子 c 的位置,而 b 所处的理想晶面是最不利金属原子结晶的。B. E. Conway[110] 等分析了能量变化对阴极表面不同位置释放的 Ni^{2+}、Cu^{2+} 和 Ag^+ 水合离子的活化能的影响(表 6-2),分析结果表明,在晶面上放电的离子活化能最小,但在结合点和空间点处的活化能较高,然后晶体经历形核和生长过程。

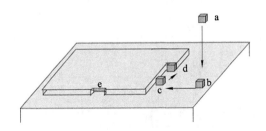

a—电解液中的金属离子;b—晶格平面上的吸附原子;c—台阶位置;d—纽结位置;e—表面空格点。

图 6-2 根据 Kossel 理论电结晶过程示意图中原子位置

表 6-2　金属离子在零电荷电位时从双电层直接转移到电极表面不同位置上所需的活化能

离子	活化能/(kJ/mol)			
	晶面	台阶	"纽结点"	空位点
Ni^{2+}	544.16	795.31	>795.31	795
Cu^{2+}	544.16	753.45	>753.45	753
Ag^+	41.86	87.9	146	146

在电沉积过程中,当金属离子在电极表面还原为"吸附原子"后,需要从单个"吸附原子"结构逐渐形成晶体结构再到形成金属镀层,这个过程可以简单地描述为放电扩散结晶过程。当被吸附金属原子在阴极表面扩散时,在能量有利的位置聚集成核。在许多电极上,由于吸附原子的表面扩散速度相对较小,此时吸附原子的表面扩散过程是电结晶控制步骤。影响电结晶过程的主要因素有:① 金属离子在电极表面放电的难易度;② 吸附原子表面浓度或生长点的表面浓度;③ 吸附原子的扩散途径等。

金属的电沉积形核结晶过程一般是以多核模式进行生长的。在多核生长时,一是要考虑引入的晶核数目随时间变化的模型,二是要考虑对生长中心的互相重叠进行校正。Fleischman 等假定,晶核数目随时间的变化有两种情况:一种情况是电极表面上的晶核总数目恒定为 N_0,即生长过程中并没有新的晶核产生,称之为"瞬时形核";另一种情况是晶核的数目是随时间变化的函数,生长过程中伴随有新的晶核产生,称之为"连续成核"。多核生长时的恒电位暂态公式可以表示为:

$$i = (2nF\pi MN_0 k^2 ht/\rho)\exp[-\pi M^2 N_0 k^2 t^2/\rho^2] \quad \text{(瞬时形核)} \tag{6-29}$$

$$i = (nF\pi MN_0 bk^2 ht^2/\rho)\exp[-\pi M^2 N_0 bk^2 t^3/3\rho^2] \quad \text{(连续成核)} \tag{6-30}$$

式中,i 为电流密度,n 为电荷数,F 为法拉第常数,k 为速度常数,M 为分子摩尔质量,A 为成核速率常数,b 为常数,N_0 为最大晶核数密度,h 为沉积层单层的厚度,t 为沉积时间,ρ 为沉积层密度。

电极表面电结晶形核动力学过程可以采用电位阶跃法进行分析研究。从式(6-29)和式(6-30)可得恒电位下 $I\text{-}t$ 的关系,如图 6-3 所示。由图可知,在瞬时形核和连续成核两种情况下,瞬时电流均存在一个极值,这种现象的出现是周边生长表面的增大与生长中心的重叠两种相反影响协同作用的结果。利用 $\dfrac{\mathrm{d}i}{\mathrm{d}i} = 0$ 求极值,可以得到电流峰值 I_{max} 和出峰时间 t_{max}:

$$i_{max} = (2\pi N_0)^{1/2} nFkh\,\mathrm{e}^{-1/2} ;$$

$$t_{max} = [\rho/(2\pi N_0)^{1/2}]mk \quad \text{(瞬时形核)} \tag{6-31}$$

$$i_{max} = (4\pi N_0 bk^2 \rho/M)^{1/3} nFh\,\mathrm{e}^{-2/3} ;$$

$$t_{max} = [2\rho^2/(\pi M^2 N_0 bk)]^{1/2} \quad \text{(连续成核)} \tag{6-32}$$

如果晶面上发生三维成核和生长,这时恒电位暂态特征为

$$i = nFk_2[1 - \exp(-\pi M^2 k_1^2 N_0 bt^3/3\rho^2)] \tag{6-33}$$

式中 k_1 和 k_2 分别表示平行于平面和垂直于基体表面方向的晶体生长速率,三维成核与生长的恒电位暂态特征的 $I\text{-}t$ 曲线可用图 6-4 所示,当 t 足够大时暂态电流趋于某恒定值。

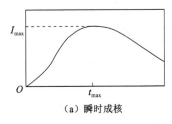
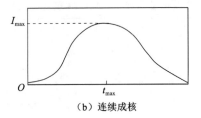

（a）瞬时成核　　　　　　　　　（b）连续成核

图 6-3　考虑生长中心重叠时的二维成核与生长的恒电流暂态特征

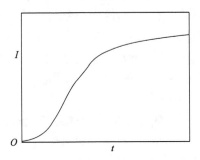

图 6-4　考虑生长中心重叠时的三维成核与生长的恒电位暂态特征

6.2　磁场下对纯铁电镀沉积过程的电化学分析研究

目前为止，对于磁场下电化学铁电沉积的过程 A. Bund[111] 认为自然对流对磁场下电镀起着非常重要的作用。在没有施加机械搅拌时自然对流方向为竖直向上，因此在分析水平磁场对 Fe 电结晶行为的影响时，必须考虑洛伦兹力和自然对流对沉积过程的影响。因此本书考虑了电沉积过程中磁场与电流的位向关系。在水平磁场中，竖直放置的电极水平旋转每 90°就会得到不同的磁场与电场的关系：

（1）磁场方向与电流方向相同［图 6-5（a）］，称为正平行磁场。当磁场方向与电流方向相反［图 6-5（b）］，称为反平行磁场。理论上当磁场和电流平行或者反平行时不会产生洛伦兹力，但由前面实验可知，微观 MHD 效应是存在的。

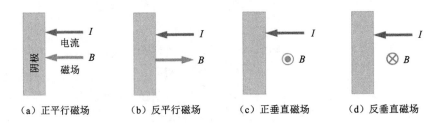

（a）正平行磁场　　　　（b）反平行磁场　　　　（c）正垂直磁场　　　　（d）反垂直磁场

图 6-5　施加磁场与电流位向关系示意图

（2）当电流方向与磁场方向相互垂直时，理论上当磁场方向与电流方向垂直时，产生的 MHD 效应将达到最大值。产生的洛伦兹力方向为竖直向上［图 6-5（c）］时，称为正垂直磁场,向上的洛伦兹力可促进电镀液的传质作用;当产生的洛伦兹力方向为竖直向下时,称为反垂直磁场[图 6-5(d)]。

目前为止,关于磁场下电沉积的研究还没有形成统一的理论,但普遍认为 MHD 效应对电沉积过程具有显著的影响。本章主要通过阴极极化曲线、计时电流、循环伏安法和交流阻抗等探讨磁场对 Fe^{2+} 放电过程的影响机制。

6.2.1　磁场对极化曲线的影响

通过对极化曲线的研究,大致可以判断金属离子的放电电位。通过研究磁场下电沉积的极化曲线的影响规律,可以初步分析电沉积的某些过程。图 6-6 表示磁场强度对极化曲线的影响规律。由图可知,在无磁场电沉积时,Fe^{2+} 的放电还原电位约为 -0.96 V。施加磁场后,无论磁场和电流方向如何排布,Fe^{2+} 电沉积电位都会发生正向偏移,Fe^{2+} 的放电电位随磁场强度的增大而逐渐增大。与 F. Hu 等的实验结果相似,认为这主要是由 MHD 效应引起的,并且可以用电化学反应中的极限电流来表示[112-115]。T. Z. Fahidy[116]通过在磁场中电镀铜的实验发现,随磁感应强度的增加,极限电流密度显著增加。

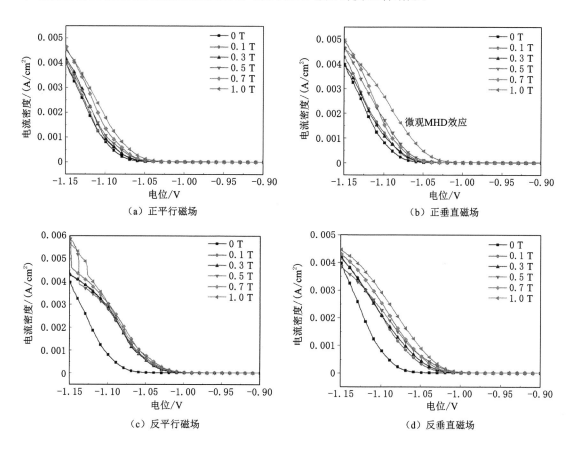

图 6-6　不同位向磁场下磁感应强度对极化曲线的影响规律

$$I_L = I_L^0 + aB^m \tag{6-34}$$

式(6-34)中 I_L 和 I_L^0 分别表示有磁场和无磁场作用下的极限电流密度,a 和 m 为经验常数。一般认为 I_L 与 $B^{1/3}$ 成正比[117-119]，同时还认为阴极分散层的厚度可用下式表示：

$$\delta = \delta_0 - a_2 B^{m_2} \tag{6-35}$$

δ 和 δ_0 分别表示磁场下和无磁场下分散层厚度，a_2 和 m_2 是常数。随磁场强度的增加，分散层厚度逐渐变薄。在 Fe^{2+} 放电过程中，阴极附近 Fe^{2+} 不断消耗，由式（6-7）可知，当 Fe^{2+} 浓度降低时，Fe^{2+} 放电电位负移使放电过程变得更加困难。施加磁场后，磁场与电流相互作用产生的 MHD 效应促进了 Fe^{2+} 在阴极附近的传输，降低了阴极附近的浓度极化，减小了分散层厚度，促进了溶液的传质行为，及时补充了 Fe^{2+}，使 Fe^{2+} 放电的平衡点位置正移，促进 Fe^{2+} 的放电还原反应。

理论上垂直磁场产生的 MHD 效应要明显大于平行磁场产生的 MHD 效应，相应的垂直磁场产生的传质效应也应大于平行磁场产生的传质效应。因此，垂直磁场对极化曲线放电电位的影响应该更大。图 6-7 显示了不同磁感应强度下磁场方向对极化曲线的影响。在 $0.1 \sim 1$ T 磁场中电沉积时，总体趋势是反垂直和反平行磁场条件下的极化电流较大，而正平行和正垂直磁场条件下的极化电流较小，垂直磁场的极化电流大于平行磁场的极化电流，这可能是由于 Fe^{2+} 是顺磁性离子，在磁场下还受到磁性电极对 Fe^{2+} 离子的磁场梯度力，磁场梯度力在电沉积过程中也起着重要作用。

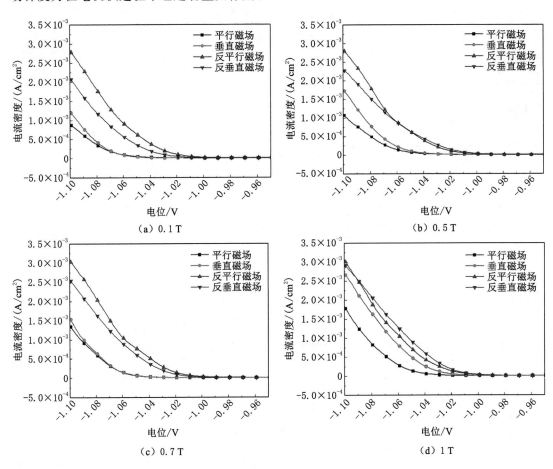

图 6-7 不同磁感应强度下磁场方向对极化曲线的影响

6.2.2　磁场对循环伏安曲线的影响

循环伏安曲线是电化学分析中一种较为快速、简便的方法。根据循环伏安曲线,可以初步判断还原反应开始的电位,反应过程中是否有中间吸附产物的产生等。

在线性扫描和循环伏安测定中,获得的电流由法拉第电流 i_f 和双电层充电电流 i_c 两部分组成。由于电位的变化速度很快,溶液中反应物的供应跟不上反应需要,对于简单化学反应 $O+ne \rightarrow R$ 在伏安曲线上通常表现为峰电流。当扫描速度较慢($v<1$ V/s)时,i_c 远小于 i_f,i_c 可以忽略。但是,当扫描速度较快时,i_c 较大,还会显著影响伏安曲线图的形状。若电极反应 $O+ne \rightarrow R$ 是可逆的,在平板电极的情况下,峰电流 i_p 与扫描速度 v 的关系(25 ℃)可以表示为:

$$i_p = 269An^{3/2}D^{1/2}C^*v^{1/2} \tag{6-36}$$

式中,A 为电极面积,cm^2;D 为扩散系数,cm^2/s^1;C^* 为溶液本体浓度,mol/dm^3;v 为扫描速度,V/s。通常峰电位 E_p 或半波电位 $E_{1/2}$ $\left(\text{即当 } i=\dfrac{1}{2}i_p \text{ 时}\right)$ 与扫描速度无关,E_p 与 $E_{1/2}$ 的关系可表示为:

$$E_p = E_{1/2} \pm 1.109\frac{RT}{nF} \tag{6-37}$$

式中"+"表示阳极反应,"-"表示阴极反应。与此同时,循环伏安曲线图上阴极峰电位与阳极峰电位之差可表示为:

$$(E_p)_c - (E_p)_a = -2.2\frac{RT}{nF} \tag{6-38}$$

而对于完全不可逆的反应,峰电流 i_p、峰电位 E_p 与速度 v 的关系可表示为:

$$i_p = 299(an)^{1/2}AD^{1/2}C^*v^{1/2} \tag{6-39}$$

$$E_p = E_{1/2} - \frac{RT}{anF}\left[0.78 + \ln\left(\frac{D^{1/2}}{k_s}\right) + \ln\left(\frac{anFv}{RT}\right)^{1/2}\right] \tag{6-40}$$

$$\Delta E_p = E_p - E_{p/2} = -\frac{1.857RT}{anF}(\text{mV}) \tag{6-41}$$

式中,a 为交换系数,k_s 为标准速度常数。根据上述分析,可以利用 E_p 与 v 的关系来判断反应的可逆性。

上述关系是单程扫描分析的结果,对于反复循环扫描的情况未必成立。经过多次循环后,电极的表面状态以及电极附近溶液的组成会发生变化。因此,循环伏安法通常不直接用于确定动力学参数,而是用于定量测定前电极过程的定性探索。通过对多道循环伏安法的观察,可以发现在其他实验中可能无法检测到的电活性反应中间产物。

图 6-8 显示了不同磁感应强度对循环伏安曲线的影响。从图中可以看出,电流峰值在 0.2 V 与 0.4 V 之间,这表明在这个电位下发生放电反应或形成了某些中间产物。此外,无磁场下该电位下的峰值电流明显高于外加磁场下的峰值电流。随着磁场强度的增加,峰值电流呈线性下降趋势。同时,在 -0.5 V 到 -0.3 V 之间出现了氧化峰,说明复合电沉积体系中 Fe^{2+} 的结晶过程经历了成核阶段,在阴极上形成了连续的镀层。施加不同位向磁场后,氧化峰的峰值电流均呈现下降趋势。

Fe^{2+} 在 0.2～0.4 V 电位下不可能发生放电反应或析氢反应,很可能发生式(6-18)反

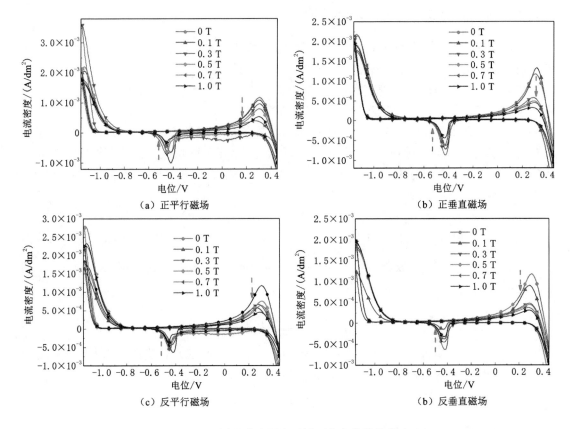

图 6-8　不同磁感应强度对循环伏安曲线的影响

应。随着放电反应的进行，H^+ 被消耗，浓度降低，Fe^{2+} 易形成 $Fe(OH)_3$，从而促进了式 (6-18) 反应。磁场作用后，磁流体效应促进了阴极附近的溶液传质作用，降低了 H^+ 浓差梯度，使 pH 值没有明显增加，从而一定程度上抑制了 $Fe(OH)_3$ 的存在。同时，循环伏安曲线表明峰值电流减小。H. Matsushima[84,98] 发现磁场的应用显著降低了阴极铁的电流效率，因此，影响到镀层的结晶过程。磁场的施加降低了镀层的厚度，表现为 $-0.5\sim0.3$ V 范围的氧化峰下降。但是，图 6-8 也表明磁场的方向对峰值电流没有明显的影响。目前，有关平行磁场对电沉积影响的机理尚不清楚，可能由浓度梯度、磁场梯度和微观 MHD 效应协同作用导致。

6.2.3　磁场对电位阶跃 $i\text{-}t$ 曲线的影响

图 6-9 表示无磁场时在 $-0.95\sim-1.2$ V 的不同阶跃电位下，采用计时安培法测量的 Fe 电沉积初始电流随时间变化的暂态化曲线，从而可以获得 Fe 电结晶的形核和生长过程。在 -1.0 V 电位以上，电流在初始阶段就呈现迅速下降趋势，再达到稳定状态。在这个电位下，与极化曲线和循环伏安测试结果一致，系统只经历了法拉第过程，如双层充电，或将反应离子转化为中间产物，并没有经历成核和析出过程。当电位低于 -1.0 V 时，电流随时间增加趋于稳定，表明发生了电结晶过程。然而，在 $-0.95\sim-1.2$ V 电位下没有出现峰值电流。这一方面可能是由于电极表面并不是一个理想的完整晶体表面，存在台阶和位错等缺

陷,有时还原金属离子在缺陷处直接生长而不用经过形核阶段,因此 I-t 曲线并不能检测到峰值电流。另一方面,Fe 的形核长大过程可能是以一个具生长中心重叠的三维形核生长模式进行的。

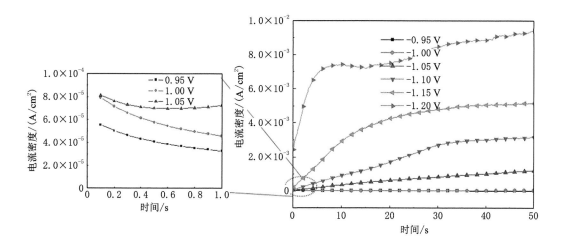

图 6-9　无磁场下不同电位下 I-t 曲线

图 6-10 和图 6-11 所示为施加平行和垂直磁场后磁感应强度对 I-t 曲线的影响规律。计时电流曲线均在 -1.15 V 阴极电位下进行测试获得的。无磁场下获得的电结晶的趋势相同,I-t 曲线均为测试开始时上升然后趋于平稳。然而,施加平行和垂直磁场后都增加了电沉积过程的极限电流。测试结果表明:施加磁场后,Fe 的成核生长方式没有改变,但磁场与电流诱导的 MHD 效应显著增加了镀液的传质行为,从而促进了 Fe^{2+} 的放电过程。同时,发现在 1 T 磁场、较低电位 -1.2 V 和 -1.15 V 下获得的 I-t 曲线不平滑,这可能是由于析氢反应引起阴极表面及附近溶液的扰动。正如上一章讨论的,施加磁场将会降低电流效率,加剧析氢反应。

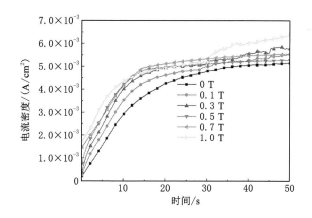

图 6-10　正平行磁感应下磁场强度对 I-t 曲线的影响

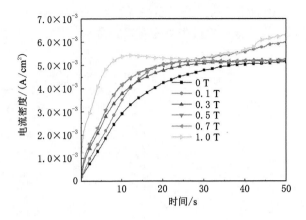

图 6-11　正垂直磁感应下磁场强度对 I-t 曲线的影响

6.2.4　磁场对电化学阻抗谱的影响

　　图 6-12 显示了不同极化电位下 Fe 电沉积过程的电化学阻抗谱 Nyquist 曲线。由图可知,随着极化过电位的增大,容电弧直径变小。在较低电位下,Nyquist 曲线仅由一段容抗弧组成,表明在该电位下只发生双电层充电。在较低的阴极过电位下,Nyquist 曲线由容抗弧和低频的扩散阻抗组成,容抗弧表示电子转移过程,而扩散阻抗表示传质过程,这表明在低过电位条件下,电极反应受电子转移过程的控制。

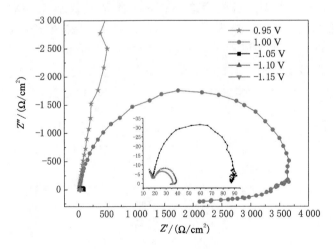

图 6-12　不同极化电位下的电化学阻抗谱的 Nyquist 曲线

　　随着阴极过电位的增大,Nyquist 曲线由高频的容抗弧和低频的感抗弧组成。感抗弧说明电极表面吸附了某些中间产物或形成了镀层。从循环伏安法和极化曲线法的测量结果可以看出,在电镀液中,Fe^{2+} 离子的还原过程是从 -1.0 V 开始的,因此可以认为,Nyquist 曲线中电感弧的出现表明电极被 Fe^{2+} 沉积物覆盖。实验完成后,在阴极表面观察到镀层的形成。根据理论计算结果,在实验条件下,Fe^{2+} 的沉积电位为 -0.682 V,这可能是由于理论计算中没有考虑玻璃碳电极对电位也会产生了一定的影响。根据理论计算,氢离子的沉积电位为 $-0.332\ 5$ V,因此可以认为在较高的电位下,氢离子开始放电,电极表面状态受到干扰,如吸附了少量的氢气,从而得到不够平滑的 Nyquist 曲线。

图 6-13 所示为铁电沉积在－1.15 V 电位时磁感应强度对 Nyquist 曲线的影响,由图可知,施加磁场后电沉积系统在不同磁场与电场位向关系下,获得的容抗弧直径均小于无磁场的容抗弧直径。随着磁感应强度的增加,容性弧直径呈现减小趋势,表明磁场的施加降低了电沉积过程的阻抗。

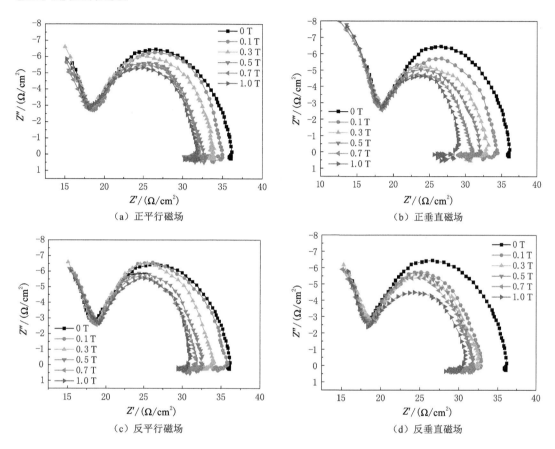

图 6-13　不同体系中磁感应强度对电化学阻抗曲线的影响

为了更好地探讨磁场对电化学过程的影响规律,研究了－1.15 V 电位下的 Nyquist 曲线。根据反应过程得到的等效电路图(C(R(CR)))如图 6-14 所示,C_d 表示电极的双电层电容,R_f 为溶液电阻,R_r 为反应电阻,C_r 表示镀层膜表面形成的双电层电容,然后对测得的阻抗谱进行拟合分析。

表 6-2 给出了四种情况下电沉积交流阻抗的等效电路拟合参数。与无磁场的实验结果相比,施加磁场后的溶液电阻和反应电阻均呈现明显的下降趋势。反应电阻按正平行→反平行→反垂直→正垂直位向关系呈下降的趋势,而溶液电阻按反平行→正平行→反垂直→正垂直位向关系呈下降趋势。整体而言,垂直磁场下的反应电阻下降比平行磁场下更显著,垂直磁场下产生的宏观 MHD 效应较平行磁场下产生的微观 MHD 效应强烈,从而显著促进了电镀液的传质作用,降低了阴极附近溶液电阻。而且,由于垂直磁场产生的磁流体效应更强,对电镀液的传质行为更加显著,更有利于降低阴极附近的溶液电阻。同时,根据

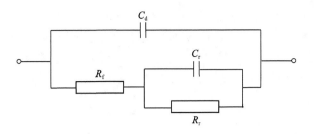

图 6-14　电沉积体系的等效电路图

Nernst 公式，MHD 效应促进 Fe^{2+} 向阴极表面的转移，降低了 Fe^{2+} 的反应电位，从而降低了 Fe^{2+} 放电时电子转移阻力。

表 6-2　不同体系中电沉积交流阻抗的等效电路拟合参数

磁感应强度/T	正平行磁场				正垂直磁场				反平行磁场				反垂直磁场			
	C_d /10^{-8}F	R_f /Ω	C_r /10^6F	R_r /Ω	C_d /10^{-8}F	R_f /Ω	C_r /10^6F	R_r /Ω	C_d /10^{-8}F	R_f/Ω	C_r /10^6F	R_r /Ω	C_d /10^{-8}F	R_f /Ω	C_r /10^6F	R_r /Ω
0.0	4.07	19.29	30.04	15.55	4.07	19.29	30.04	15.55	4.07	19.29	30.04	15.55	4.07	19.29	30.04	15.55
0.1	3.59	18.87	9.20	14.51	4.06	18.46	13.07	13.99	38.39	19.32	9.38	15.10	3.62	18.82	12.27	12.22
0.3	4.29	18.60	14.08	14.66	6.41	18.45	15.04	12.34	43.32	18.63	13.50	13.44	3.98	18.91	12.13	12.22
0.5	3.36	18.79	8.80	12.75	5.51	18.40	15.19	12.52	39.76	18.85	11.96	12.4	3.81	18.53	11.19	12.55
0.7	3.16	18.57	7.72	12.81	6.07	18.43	16.49	11.53	37.43	18.63	11.43	12.43	3.88	18.46	11.81	12.18
1.0	3.85	18.56	11.35	12.60	5.61	18.18	17.82	9.20	39.16	18.82	11.45	11.45	4.25	18.41	18.29	10.77

6.3　本章小结

　　本章主要研究了通过电化学分析研究磁场对纯铁电沉积结晶过程的影响。采用循环伏安法、计时电流法、极化曲线法和交流阻抗法研究了磁感应强度和磁场位向对电沉积过程的影响规律，实验结果表明，由于磁场与电场的交互作用产生的宏观 MHD 效应和微观 MHD 效应对铁电沉积过程将会产生显著影响，主要结论有：

　　（1）极化曲线电化学测试结果表明，在没有磁场的情况下，Fe^{2+} 开始进行放电电位约－0.97 V。施加磁场后，由于 MHD 效应产生的传质效应，阴极的极限电流显著增大，说明施加磁场可以使 Fe^{2+} 的放电电位明显正移。

　　（2）循环伏安法测试结果表明，在 0.2～0.4 V 之间有还原电流峰，在－0.5～0.3 V 之间有氧化峰，施加磁场后，峰值电流明显降低。

　　（3）通过对恒电位计时电流测量结果分析可知，垂直磁场和平行磁场均会增大极限电流密度。

　　（4）交流阻抗结果分析表明，施加磁场可以使得阴极附近的溶液阻力和 Fe^{2+} 放电的电子转移电阻减小，说明 MHD 效应引起的传质效应在铁电沉积中起着重要作用。

参 考 文 献

[1] 王天正,张超,赵欣哲,等.基于电力变压器噪声特性的声学超材料降噪方法[J].高压电器,2019,55(11):277-282.

[2] 梁湘湘,蔡明星,任玉强,等.电力电子变压器中高频变压器损耗分析与设计[J].电力机车与城轨车辆,2020,43(3):6-12.

[3] 史清,姚秀平.世界与中国发电量和装机容量的预测模型[J].动力工程学报,2008,28(1):147-151.

[4] 季雨洁.发电量与经济增长关系研究[J].现代商贸工业,2010,22(2):22.

[5] 秦卓,朱军,吴隽,等.高硅钢织构的研究现状及进展[J].材料导报,2014,28(11):79-83.

[6] 黎先浩,孟小涛,赵鹏飞,等.高磁感取向硅钢研发现状与展望[J].中国冶金,2019,29(1):1-7.

[7] 何忠治.电工钢[M].北京:冶金工业出版社,2004.

[8] PENG M H,ZHONG Y B,ZHENG T X,et al. 6.5wt% Si high silicon steel sheets prepared by composite electrodeposition in magnetic field[J]. Journal of Materials Science & Technology,2018,34(12):2492-2497.

[9] 何忠治.电工钢[M].北京:冶金工业出版社,1997.

[10] 王帅.快速凝固制备 Fe-6.5wt%Si 高硅钢薄带及其组织性能[D].北京:北京科技大学,2018.

[11] 田口悟.电磁钢板[M].日本:八幡孔版有限会社,1979.

[12] KLAM C,MILLET J P,MAZILLE H,et al. Chemical vapour deposition of silicon onto iron:influence of silicon vapour phase source on the composition and nature of the coating[J]. Journal of Materials Science,1991,26(18):4945-4952.

[13] 王东.高硅电工钢的特性及应用[J].电工材料,2001(3):26-29.

[14] ARAI K I,OHMORI K,MIURA H,et al. Effect of order-disorder transition on magnetic properties of high silicon-iron single crystals[J]. Journal of Applied Physics,1985,57(2):460-464.

[15] 杨劲松,谢建新,周成.6.5%Si 高硅钢的制备工艺及发展前景[J].功能材料,2003,34(3):244-246.

[16] FUJITA K,NAMIKAWA M,TAKADA Y. Magnetic properties and workability of 6.5wt%Si steel sheet manufactured by siliconizing process[J]. Journal of Material Science and Technology,2000,16(2):137-140.

[17] 蔡千华.含硅 6.5%高硅钢板在高速电机中的应用[J].中小型电机,1994,21(1):

60-62.

[18] 刘艳,梁永锋,叶丰,等. 冷轧 0.02C-6.56Si 高硅钢薄板的力学和磁性能[J]. 特殊钢,2007,28(3):28-29.

[19] ZHANG B,LIANG Y F,WEN S B,et al. High-strength low-iron-loss silicon steels fabricated by cold rolling[J]. Journal of Magnetism and Magnetic Materials,2019,474:51-55.

[20] OUYANG G Y,CHEN X,LIANG Y F,et al. Review of Fe-6.5 wt% Si high silicon steel:a promising soft magnetic material for sub-kHz application[J]. Journal of Magnetism and Magnetic Materials,2019,481:234-250.

[21] RUIZ D,ROS-YANEZ T,VANDENBERGHE R E,et al. Magnetic properties of high Si steel with variable ordering obtained through thermomechanical processing[J]. Journal of Applied Physics,2003,93(10):7112-7114.

[22] FAN L J,ZHONG Y B,XU Y L,et al. Dual-effects of 6 T strong magnetic field on interdiffusion behavior of Fe-FeSi diffusion couple[J]. Materials Characterization,2019,151:280-285.

[23] 谢燮揆. 高硅电工钢[J]. 中小型电机,1994(3):60-61.

[24] 高田芳一. 公开特许公报[P]. 日本专利:昭 63-45716.

[25] 高田芳一,稻垣淳一,升田贞和. 公开特许公报[P]. 日本专利:昭 63-35744.

[26] 有泉孝,吉野雅彦,藤田文夫,等. 日本特许公报[P]. 日本专利:昭 63-36906.

[27] 林均品,叶丰,陈国良,等. 6.5wt% Si 高硅钢冷轧薄板制备工艺、结构和性能[J]. 前沿科学,2007(2):13-25.

[28] CUNNINGHAM J,DARBY R,LANE D,et al. Processing of 6.5-percent Si-Fe sheet and tape[J]. IEEE Transactions on Magnetics,1970,6(1):39.

[29] 荒井賢一,津屋昇. 超急冷磁性薄带のとそ应用[J]. 電氣学会雜誌,1983,103(12):1117-1120.

[30] 胡广勇. Fe-6.5% Si 与 Fe-3% Si 薄板、薄带的制备、织构及晶界特征分布的研究[D]. 沈阳:东北大学,1997.

[31] 周成,谢建新. 金属带材快速凝固成形方法:CN1321556A[P]. 2001-11-14.

[32] SAKAI T,SUZUKI Y,SHIMOSATO S,et al. Magnetic properties of Fe-Si alloys by powder metallurgy[J]. IEEE Transactions on Magnetics,1977,13(5):1445-1447.

[33] SAKAI T,SATO T,HENMI Z. Magnetic properties and structure of Fe-3 mass% Si sintered alloy[J]. Journal of The Japan Institute of Metals,1988,52(4):434-439.

[34] QU X H,GOWRI S,LUND J A. Sintering behavior and strength of Fe-Si-P compacts [J]. International Journal of Powder Metallurgy,1991,27(1):9-13.

[35] KUSAKA K,IMAOKA T,KONDO T. Relationships between magnetic properties and Si-contents/sintering conditions of Fe-Si type magnetic alloys[J]. Journal of the Japan Society of Powder and Powder Metallurgy,2000,47(2):195-202.

[36] KUSAKA K,KURACHI T,KONDO T. Effect of Si- and B-content on AC magnetic properties of Fe-Si type magnetic alloys[J]. Journal of The Japan Society of Powder

and Powder Metallurgy,2001,48(1):15-20.

[37] WANG W F. Rolling compaction,magnetic properties,and microstructural development during sintering of Fe-Si[J]. Powder Metallurgy,1995,38(4):289-293.

[38] LI R,SHEN Q,ZHANG L M,et al. Magnetic properties of high silicon iron sheet fabricated by direct powder rolling[J]. Journal of Magnetism and Magnetic Materials,2004,281(2):135-139.

[39] 汤聂韦.磁场下粉末烧结法制备 6.5wt％Si 高硅钢的研究[D].上海:上海大学,2012.

[40] 杨海丽,何宁,李运刚,等.沉积扩散法制备高硅钢[J].材料导报,2009,12(23):69-72.

[41] 王向成.CVD 法生产 6.5wt％Si 钢的工艺及设备[J].钢铁研究,1992,5:54-61

[42] ABE M,TAKADA Y,MURAKAMI T,et al. Magnetic properties of commercially produced Fe-6.5wt％ Si sheet[J]. Journal of Materials Engineering,1989,11(1):109-116.

[43] 王清.直缝喷嘴 CVD 法制备高硅钢工艺过程研究[D].上海:华东理工大学,2016.

[44] 吴润,陈大凯.PCVD 硅涂层对 DW 型电工钢磁性能的影响[J].金属热处理,1996,9:15-17.

[45] 王蕾,周树清,陈大凯.PCVD 法渗 Si 的研究[J].武汉科技大学学报,2000,23(3):245-246.

[46] FUJITA K,NAMIKAWA M,TAKADA Y. Magnetic properties and workability of 6.5wt％Si steel sheet manufactured by siliconizing process[J]. Journal of Material Science and Technology,2000,16(2):137-140.

[47] 蔡宗英,张莉霞,李运刚.电化学还原法制备 Fe-6.5％Si 薄板[J].湿法冶金,2005,24(2):83-87.

[48] ROS-YANEZ T,HOUBAERT Y,GOMEZ RODRIGUEZ V. High-silicon steel produced by hot dipping and diffusion annealing[J]. Journal of Applied Physics,2002,91(10):7857-7859.

[49] ROS-YANEZ T,HOUBAERT Y,DE WULF M. Evolution of magnetic properties and microstructure of high-silicon steel during hot dipping and diffusion annealing [J]. IEEE Transactions on Magnetics,2002,38(5):3201-3203.

[50] 毕晓昉,卢凤双.一种采用包埋渗硅工艺制备高硅电工钢的方法:CN1807687A[P].2006-07-26.

[51] AOGAKI R,FUEKI K,MUKAIBO T. Application of magnetohydrodynamic effect to the analysis of electrochemical reactions 1. MHD flow of an electrolyte solution in an Electrode-Cell with a short rectangular channel[J]. Denki Kagaku Oyobi Kogyo Butsuri Kagaku,1975,43(9):504-508.

[52] FAHIDY T Z. Magnetoelectrolysis[J]. Journal of Applied Electrochemistry,1983,13(5):553-563.

[53] AABOUBI O,MSELLAK K. Magnetic field effects on the electrodeposition of CoNi-Mo alloys[J]. Applied Surface Science,2017,396:375-383.

[54] MURDOCH H A,YIN D,HERNÁNDEZ-RIVERA E,et al. Effect of applied magnet-

ic field on microstructure of electrodeposited copper[J]. Electrochemistry Communications,2018,97:11-15.

[55] HUANG M,MARINARO G,YANG X G,et al. Mass transfer and electrolyte flow during electrodeposition on a conically shaped electrode under the influence of a magnetic field[J]. Journal of Electroanalytical Chemistry,2019,842:203-213.

[56] YAMADA T,ASAI S. Development of a new composite plating method orienting dispersed materials by use of a high magnetic field[J]. Journal of The Japan Institute of Metals,2001,65(10):910-915.

[57] 汪超,钟云波,贾晶,等.10 T平行强磁场下 Ni-纳米 Al_2O_3 复合共沉积的研究[J].功能材料,2007,38(A09):3562-3566.

[58] 贾晶,钟云波,汪超,等.强磁场中电沉积 Ni-P 合金的研究[J].上海金属,2009,31(4):10-14.

[59] 龙琼,路坊海,罗勋,等.磁场作用下的电沉积技术研究现状[J].湿法冶金,2018,37(3):179-185.

[60] ZHOU P W,ZHONG Y B,WANG H,et al. Effects of parallel magnetic field on electrocodeposition behavior of Fe/nano-Si particles composite electroplating[J]. Applied Surface Science,2013,282:624-631.

[61] MONZON L M A,COEY J M D. Magnetic fields in electrochemistry:The Lorentz force. a mini-review[J]. Electrochemistry Communications,2014,42:38-41.

[62] AABOUBI O,HADJAJ A,ALI OMAR A Y. Application of Adomian Method for the Magnetic field effects on mass transport at vertical cylindrical electrode[J]. Electrochimica Acta,2015,184:276-284.

[63] TSCHULIK K,KOZA J A,UHLEMANN M,et al. Effects of well-defined magnetic field gradients on the electrodeposition of copper and bismuth[J]. Electrochemistry Communications,2009,11(11):2241-2244.

[64] YONEMOCHI S,SUGIYAMA A,KAWAMURA K,et al. Fabrication of TiO_2 composite materials for air purification by magnetic field effect and electrocodeposition[J]. Journal of Applied Electrochemistry,2004,34(12):1279-1285.

[65] 曹凤国.电化学加工技术[M].北京:北京科学技术出版社,2007.

[66] 高鹏,杨中东,薛向欣,等.磁场影响下的电沉积[J].材料保护,2006,39(8):38-42.

[67] 陈红辉,陈通杰.电磁场在化学镀中的影响[J].电镀与环保,2004,24(5):22-24.

[68] 郑必胜,郭祀远.高梯度磁分离器中填料的研究[J].华南理工大学学报(自然科学版),1998,26(10):34-39.

[69] KOZA J,UHLEMANN M,GEBERT A,et al. The effect of magnetic fields on the electrodeposition of iron[J]. Journal of Solid State Electrochemistry,2008,12(2):181-192.

[70] YAMAGUCHI M,TANIMOTO Y. Magneto-science[M]. Japan:Kodansha Ltd. and Spring-Verlag Berlin Heidelberg,2006.

[71] 傅小明.稳恒磁场下制备铁氧体材料的基础研究[D].上海:上海大学,2009.

[72] 徐斌,钟云波,傅小明,等.稳恒磁场下水热法制备钡铁氧体[J].高等学校化学学报,2011,32(1):16-22.

[73] AABOUBI O,MSELLAK K. Magnetic field effects on the electrodeposition of CoNi-Mo alloys[J]. Applied Surface Science,2017,396:375-383.

[74] 孟江燕.磁化电解液性质的改变及对电镀的影响[J].成飞情报,1992(2):38.

[75] HINDS G,COEY J M D,LYONS M E G. Influence of magnetic forces on electrochemical mass transport[J]. Electrochemistry Communications,2001,3(5):215-218.

[76] 潘应君,张恒,吴新杰.铁与硅粉及硅铁粉复合电镀工艺的研究[J].电镀与精饰,2004,26(6):13-15.

[77] FAN L J,ZHONG Y B,ZHOU P W,et al. Phase growth in Fe-Fe50wt% Si diffusion couple under a magnetic field[C]. TMS 2014 143rd Annual Meeting & Exhibition,San Deigo America,2014.

[78] 孙宗乾,钟云波,范丽君,等.稳恒磁场对 Fe-Fe50wt% Si 扩散偶中间相生长的影响[J].物理学报,2013,62(13):436-443.

[79] BALDWIN N R,IVEY D G. Iron slicide formation in bulk iron-silicon diffusion couples[J]. Journal of Phase Equilibria,1995,16(4):300-307.

[80] GUGLIELMI N. Kinetics of the deposition of inert particles from electrolytic baths[J]. Journal of The Electrochemical Society,1972,119(8):1009-1012.

[81] CELIS J,ROOS J,BUELENS C. A mathematical model for the electrolytic codeposition of particles with a metallic matrix[J]. Journal of The Electrochemical Society,1987,134(6):1402-1408.

[82] CELIS J P,ROOS J R. Kinetics of the deposition of alumina particles from copper sulfate plating baths[J]. Journal of The Electrochemical Society,1977,124(10):1508-1511.

[83] SUZUKI Y,ASAI O. Adsorption-codeposition process of Al_2O_3 particles onto Ag-Al_2O_3 dispersion films[J]. Journal of the Electrochemical society,1987,134(8):1905-1910.

[84] MATSUSHIMA H,NOHIRA T,MOGI I,et al. Effects of magnetic fields on iron electrodeposition[J]. Surface & Coatings Technology,2004,179(2):245-251.

[85] ZHENG X H,WANG M,SONG H,et al. Effect of ultrasonic power and pulse-on time on the particle content and mechanical property of Co-Cr_3C_2 composite coatings by jet electrodeposition[J]. Surface and Coatings Technology,2017,325:181-189.

[86] XIA F F,WU M H,WANG F,et al. Nanocomposite Ni-TiN coatings prepared by ultrasonic electrodeposition[J]. Current Applied Physics,2009,9(1):44-47.

[87] ATAIE S A,ZAKERI A. Improving tribological properties of (Zn － Ni)/nano Al_2O_3 composite coatings produced by ultrasonic assisted pulse plating[J]. Journal of Alloys and Compounds,2016,674:315-322.

[88] 汪超.磁场下 Ni-纳米 Al_2O_3 复合镀层制备及其电沉积机理的研究[D].上海:上海大学,2011.

[89] 冯秋元,李廷举,张忠涛,等.强磁场下 Ni/Al_2O_3 纳米复合镀层制备及性能[J].纳米技

术与精密工程,2007,5(3):215-219.

[90] FENG Q Y,LI T J,ZHANG Z T,et al. Preparation of nanostructured Ni/Al$_2$O$_3$ composite coatings in high magnetic field[J]. Surface & Coatings Technology,2007,201 (14):6247-6252.

[91] 王力,张素清.煤的高梯度磁场脱硫的基础研究[J].煤炭转化,1993(3):55-59.

[92] PEIPMANN R,THOMAS J,BUND A. Electrocodeposition of nickel-alumina nano-composite films under the influence of static magnetic fields[J]. Electrochimica Acta, 2007,52(19):5808-5814.

[93] ISPAS A,MATSUSHIMA H,PLIETH W,et al. Influence of a magnetic field on the electrodeposition of nickel-iron alloys [J]. Electrochimica Acta, 2007, 52 (8): 2785-2795.

[94] KOZA J,UHLEMANN M,GEBERT A,et al. The effect of magnetic fields on the electrodeposition of iron[J]. Journal of Solid State Electrochemistry,2008,53(16): 5344-5353.

[95] ZHOU P W,ZHONG Y B,WANG H,et al. Behavior of Fe/nano-Si particles composite electrodeposition with a vertical electrode system in a static parallel magnetic field [J]. Electrochimica Acta,2013,111 (30):126-135.

[96] TSCHULIK K,YANG X G,MUTSCHKE G,et al. How to obtain structured metal deposits from diamagnetic ions in magnetic gradient fields[J]. Electrochemistry Communications,2011,13(9):946-950.

[97] SUGIYAMA A,HASHIRIDE M,MORIMOTO R,et al. Application of vertical micro-disk MHD electrode to the analysis of heterogeneous magneto-convection[J]. Electrochimica Acta,2004,49(28):5115-5124.

[98] LONG Q,ZHONG Y B,WANG H,et al. Effects of magnetic fields on Fe-Si composite electrodeposition[J]. International Journal of Minerals,Metallurgy,and Materials, 2014,21(12):1175-1186.

[99] HILBERT F,MIYOSHI Y,EICHKORN G,et al. Correlations between the kinetics of electrolytic dissolution and deposition of iron[J]. Journal of The Electrochemical Society,1971,118(12):1919-1926.

[100] HOVESTAD A,JANSSEN L J J. Electrochemical codeposition of inert particles in a metallic matrix[J]. Journal of Applied Electrochemistry,1995,25(6):519-527.

[101] FRANSAER J,CELIS J P. New insights into the mechanism of composite plating [J]. Galvanotechnik. 2001,92(6):1544-1555.

[102] LONG Q,ZHONG Y B,ZHENG T X,et al. Behavior of electrodeposited Fe/FeSi composite in high magnetic fields[J]. Journal of the Electrochemical Society,2019, 166(15):D857-D867.

[103] 龙琼,钟云波,李甫,等.稳恒磁场对 Fe-Si 复合电镀层形貌及 Si 含量的影响[J].金属学报,2013,49(10):1201-1210.

[104] TSCHULIK K,SUEPTITZ R,KOZA J A,et al. Studies on the patterning effect of copper

deposits in magnetic gradient fields[J]. Electrochimica Acta,2010,56(1):297-304.

[105] MUTSCHKE G,TSCHULIK K,WEIER T,et al. On the action of magnetic gradient forces in micro-structured copper deposition[J]. Electrochimica Acta,2010,55(28): 9060-9066.

[106] LI D Y,SZPUNAR J A. A Monte Carlo simulation approach to the texture formation during electrodeposition: I. The simulation model[J]. Electrochimica Acta, 1997,42(1):37-45.

[107] YOSHIMURA S, YOSHIHARA S, SHIRAKASHI T, et al. Preferred orientation and morphology of electrodeposited iron from iron(II) chloride solution[J]. Electrochimica Acta,1994,39(4):589-595.

[108] LI D Y,SZPUNAR J A. A Monte Carlo simulation approach to the texture formation during electrodeposition: II. Simulation and experiment[J]. Electrochimica Acta,1997,42(1):47-60.

[109] 虫明克彦,増子昇. 分散型複合電析[J]. 电気化学,1985,53(1):45-50.

[110] CONWAY B E, OM BOCKRIS J. The mechanism of electrolytic metal deposition [J]. Proceedings of The Royal Society A: Mathematical, Physical and Engineering Sciences,1958,248(1254):394-403.

[111] BUND A,KOEHLER S,KUEHNLEIN H H,et al. Magnetic field effects in electrochemical reactions[J]. Electrochimica Acta,2003,49(1):147-152.

[112] HU F,CHAN K C,QU N S. Effect of magnetic field on electrocodeposition behavior of Ni : SiC composites[J]. Journal of Solid State Electrochemistry,2007,11(2):267-272.

[113] DEVOS O,OLIVIER A,CHOPART J P,et al. Magnetic field effects on nickel electrodeposition[J]. Journal of The Electrochemical Society,1998,145(2):401-405.

[114] KRAUSE A,UHLEMANN M,GEBERT A,et al. The effect of magnetic fields on theelectrodeposition of cobalt[J]. Electrochimica Acta,2004,49 (24):4127-4134.

[115] TACKEN R A,JANSSEN L J. Applications of magnetoelectrolysis[J]. Journal of Applied Electrochemistry,1995,25(1):1-5.

[116] FAHIDY T Z. Hydrodynamic models in magnetoelectrolysis[J]. Electrochimica Acta,1973,18(8):607-614.

[117] FAHIDY T Z. The statistical indeterminacy of the magnetic field effect on electrolytic mass transport[J]. Electrochimica Acta,1990,35(6):929-932.

[118] AABOUBI O,CHOPART J P,DOUGLADE J,et al. Magnetic field effects on mass transport[J]. Journal of The Electrochemical Society,1990,137(6):1796-1804.

[119] LEE J,RAGSDALE S R,GAO X P,et al. Magnetic field control of the potential distribution and current at microdisk electrodes[J]. Journal of Electroanalytical Chemistry,1997,422:169-177.